1 5年生の復習(1)

完成目標時間 25分

●復習のめやす
5年生の学力チェックテストなどでしっかり復習しよう！
0点 80点 合格 合計 /100点

JN051715

1 次の計算をしましょう。 〔1問 4点〕

① 28×3.4

② 4.7×6.5

③ 0.76×5.4

2 次のわり算をわり切れるまで計算しましょう。 〔1問 4点〕

① $5.6 \div 1.6$

② $3.92 \div 2.8$

③ $2.88 \div 0.64$

3 次の各組の最大公約数と最小公倍数を求めましょう。 〔1問全部できて 5点〕

① (12, 18) 最大公約数(　　) 最小公倍数(　　)

② (15, 20) 最大公約数(　　) 最小公倍数(　　)

4 右の2つの四角形は合同です。次の問題に答えましょう。 〔1問 4点〕

① 辺EF(イーエフ)の長さは何cmですか。 (　　)

② 角Fの大きさは何度ですか。 (　　)

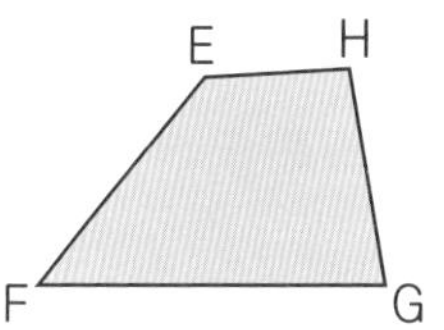

5 次の□にあてはまる数を書きましょう。 〔1問 3点〕

① $6000\,cm^3 = \square\,L$

② $2\,m^3 = \square\,cm^3$

③ $450\,cm^3 = \square\,dL$

④ $3000\,L = \square\,m^3$

6 下の図のような形の面積を求めましょう。

〔1問　5点〕

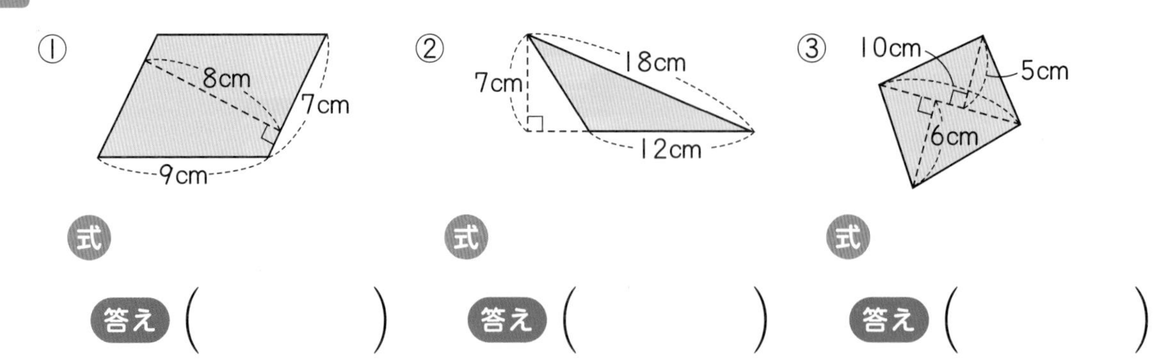

① 式

答え（　　　　）

② 式

答え（　　　　）

③ 式

答え（　　　　）

7 右の図は，円の中心のまわりを等分して正八角形をかいたものです。次の問題に答えましょう。

〔1問　4点〕

① ㋐の角の大きさは何度ですか。

式

答え（　　　　）

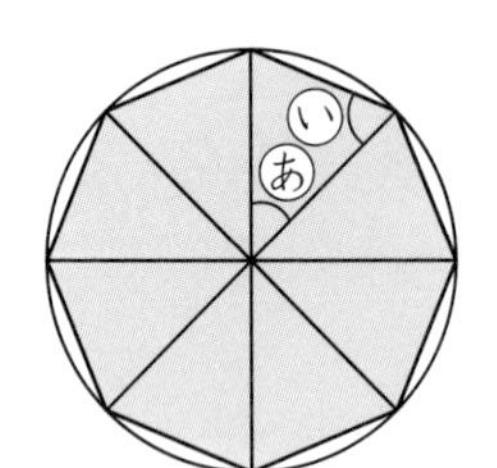

② の角の大きさは何度ですか。

式

答え（　　　　）

8 次の割合（わりあい）を［　］の中の表し方で書きましょう。

〔1問　3点〕

① 0.03　［百分率］（　　　　）　② 0.215　［歩合（ぶあい）］（　　　　）

③ 45%　［小数］（　　　　）　④ 6分（ぶ）8厘（りん）　［小数］（　　　　）

9 1.4mの重さが1.75kgのホースがあります。このホース1mの重さは何kgですか。

〔5点〕

式

答え（　　　　）

10 はるかさんの家から学校まで$1\frac{3}{4}$kmあります。学校から駅までは$1\frac{2}{5}$kmあります。はるかさんの家から学校を通って駅までは何kmありますか。

〔6点〕

式

答え（　　　　）

5年生の復習(2)

完成目標時間 25分

復習のめやす
5年生の学力チェックテストなどでしっかり復習しよう！
0点　80点 合格　100点

合計得点　／100点

1 次の分数を約分しましょう。〔1問　3点〕

① $\frac{6}{16}$　② $\frac{16}{24}$　③ $\frac{21}{35}$

2 次のわり算の商を分数で表しましょう。〔1問　3点〕

① $3 \div 7$　② $8 \div 5$　③ $6 \div 9$

3 次の分数は小数で，小数は分数で表しましょう。〔1問　4点〕

① $\frac{3}{5}$　② $1\frac{3}{4}$　③ 0.13

4 次の計算をしましょう。〔1問　4点〕

① $\frac{5}{6}+\frac{2}{9}$　② $2\frac{1}{5}+1\frac{3}{10}$

③ $\frac{4}{5}-\frac{1}{3}$　④ $3\frac{1}{4}-1\frac{2}{3}$

5 下の図のㇵの角の大きさを求めましょう。〔1問　4点〕

①

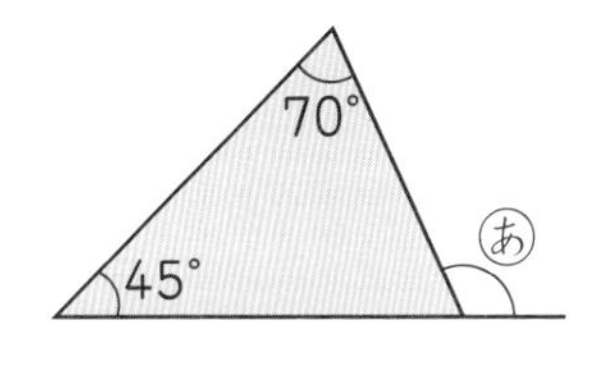

式

②

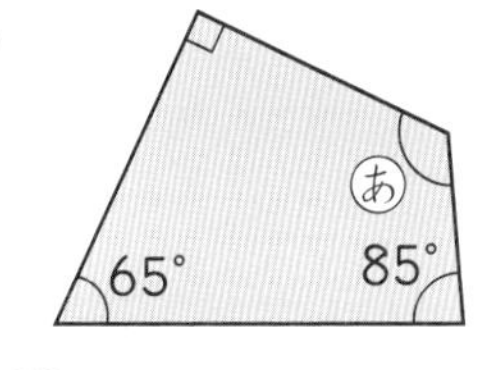

式

答え（　　　）

答え（　　　）

6 右の図のような形の体積を求めましょう。〔5点〕

式

答え（　　　　）

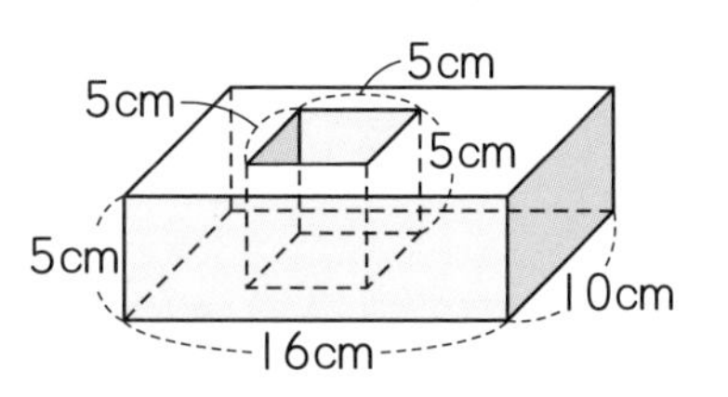

7 右の図のような形のまわりの長さを求めましょう。〔5点〕

式

答え（　　　　）

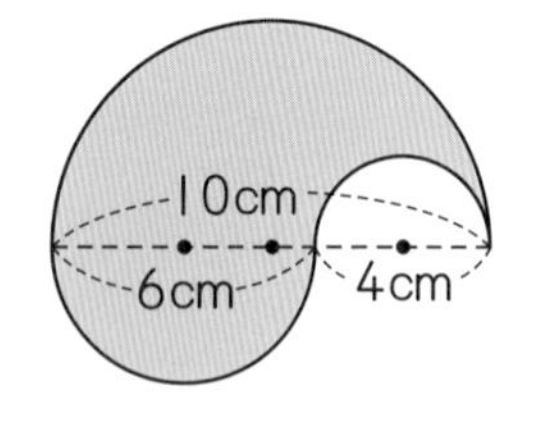

8 右の円グラフは，ある市の土地利用の割合を表したものです。次の問題に答えましょう。〔1問　5点〕

① 住たく地は全体の何％ですか。（　　　　）

② 工業地は全体の何％ですか。（　　　　）

③ 工業地は農地の約何倍ですか。（　　　　）

土地利用の割合

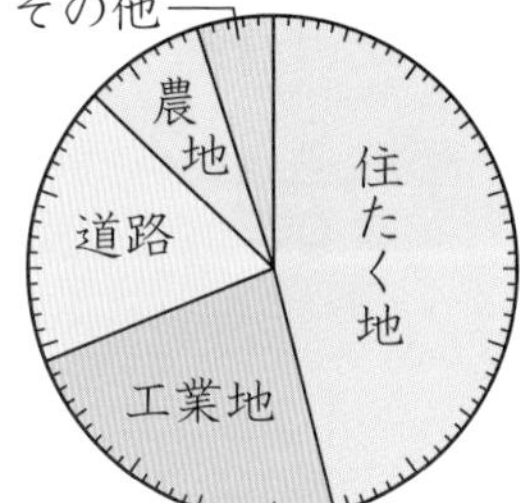

9 1Lのガソリンで12km走ることのできる自動車があります。8.5Lでは何km走ることができますか。〔7点〕

式

答え（　　　　）

10 みゆさんの家から駅まで3.6kmあります。自転車で分速240mで走ると，何分で行くことができますか。〔7点〕

式

答え（　　　　）

11 1個300円で仕入れたかんづめに，仕入れたねだんの1割5分のもうけがあるように定価をつけようと思います。定価を何円にすればよいでしょうか。〔7点〕

式

答え（　　　　）

3 基本テスト① 分数のかけ算

完成 目標時間 20分

基本の問題のチェックだよ。
できなかった問題は，しっかり学習してから
完成テストをやろう！

合計得点 　／100点

関連ドリル ●分数　P.13〜28

〈分数に分数をかける計算〉

1 次の計算の□にあてはまる数を書きましょう。〔1問全部できて　8点〕

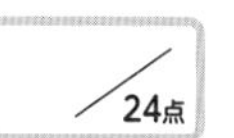

分数 13ページ〜

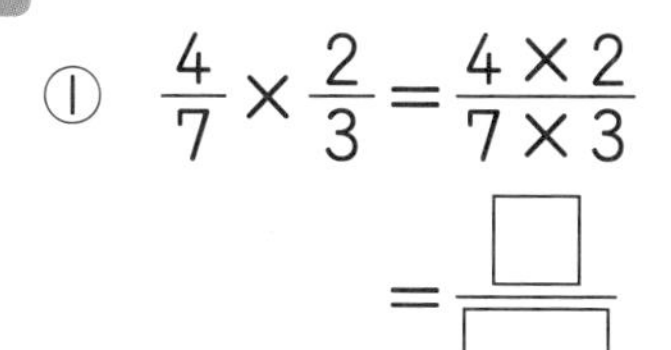

① $\frac{4}{7}\times\frac{2}{3}=\frac{4\times2}{7\times3}=\frac{\square}{\square}$

★覚えておこう
分数のかけ算では，分子どうし，分母どうしをかけます。

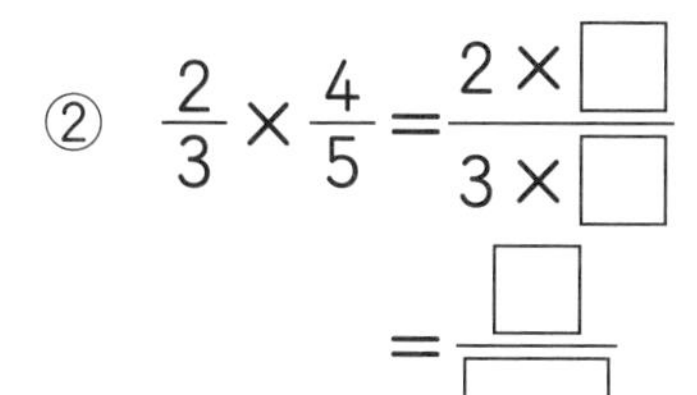

② $\frac{2}{3}\times\frac{4}{5}=\frac{2\times\square}{3\times\square}=\frac{\square}{\square}$

③ $\frac{5}{7}\times\frac{4}{3}=\frac{5\times\square}{7\times\square}=\frac{\square}{\square}$

〈整数に分数をかける計算，分数に整数をかける計算〉

2 次の計算の□にあてはまる数を書きましょう。〔1問全部できて　5点〕

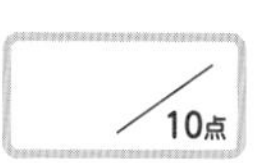

分数 25ページ〜

① $4\times\frac{2}{9}=\frac{\square\times2}{9}=\frac{\square}{9}$

② $\frac{7}{5}\times2=\frac{7\times\square}{5}=\frac{\square}{5}=2\frac{\square}{5}$

〈帯分数のかけ算〉

3 次の計算の□にあてはまる数を書きましょう。〔1問全部できて　8点〕

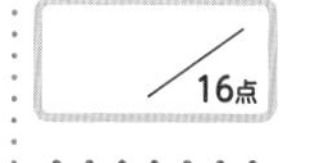

分数 21ページ〜

① $1\frac{2}{3}\times\frac{4}{7}=\frac{\square}{3}\times\frac{4}{7}=\frac{\square\times4}{3\times7}=\frac{\square}{21}$

② $1\frac{1}{2}\times2\frac{1}{5}=\frac{\square}{2}\times\frac{\square}{5}=\frac{\square\times\square}{2\times5}=\frac{\square}{10}=\square\frac{\square}{10}$

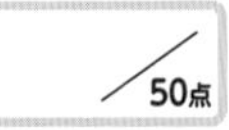

分数 15ページ～

〈約分のあるかけ算〉

4 次の□にあてはまる数を書きましょう。 〔1問全部できて　10点〕

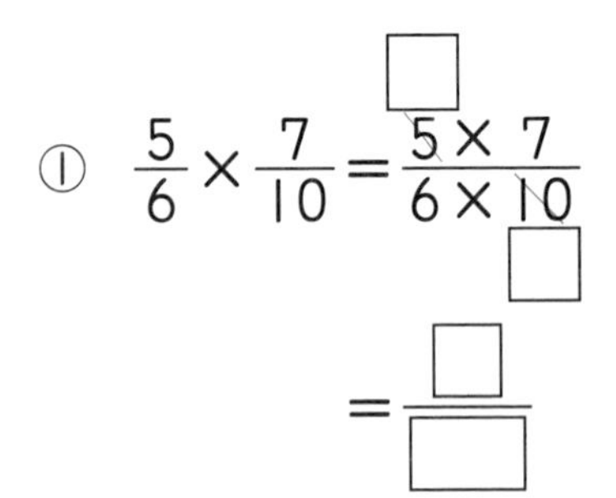

① $\frac{5}{6}\times\frac{7}{10}=\frac{\overset{\square}{5}\times 7}{6\times\underset{\square}{10}}$

$=\frac{\square}{\square}$

② $\frac{4}{9}\times\frac{3}{10}=\frac{\overset{\square}{4}\times\overset{\square}{3}}{\underset{\square}{9}\times\underset{\square}{10}}$

$=\frac{\square}{\square}$

③ $1\frac{1}{4}\times\frac{1}{5}=\frac{\square}{4}\times\frac{1}{5}$

$=\frac{\overset{\square}{5}\times 1}{4\times\underset{\square}{5}}$

$=\frac{\square}{\square}$

④ $1\frac{1}{5}\times 1\frac{1}{9}=\frac{\square}{5}\times\frac{\square}{9}$

$=\frac{\overset{\square}{6}\times\overset{\square}{10}}{\underset{\square}{5}\times\underset{\square}{9}}$

$=\frac{\square}{\square}$

$=\square\frac{\square}{\square}$

⑤ $1\frac{3}{7}\times 2\frac{4}{5}=\frac{\square}{7}\times\frac{\square}{5}$

$=\frac{\overset{\square}{10}\times\overset{\square}{14}}{\underset{\square}{7}\times\underset{\square}{5}}$

$=\square$

4 基本テスト② 分数のかけ算

完成目標時間 20分

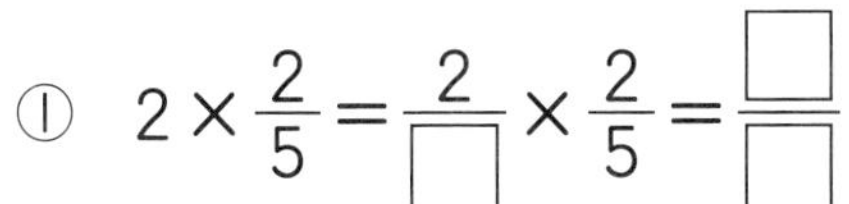
基本の問題のチェックだよ。
できなかった問題は，しっかり学習してから完成テストをやろう！

合計得点 /100点

関連ドリル
●分数 P.25～28，45・46
●数・量・図形 P.5・6
●文章題 P.17・18

〈整数と分数のかけ算〉

1 次の計算の□にあてはまる数を書きましょう。〔1問全部できて 8点〕

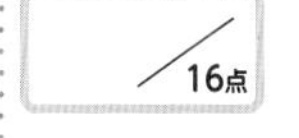
/16点

① $2\times\frac{2}{5}=\frac{2}{\square}\times\frac{2}{5}=\frac{\square}{\square}$

② $\frac{2}{7}\times 3=\frac{2}{7}\times\frac{3}{\square}=\frac{\square}{\square}$

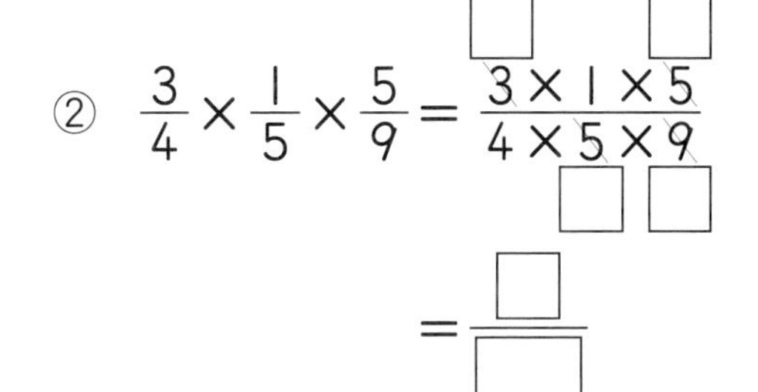

〈３つの分数のかけ算〉

2 次の計算の□にあてはまる数を書きましょう。〔1問全部できて 8点〕

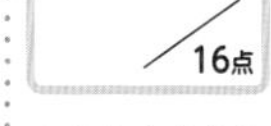
/16点

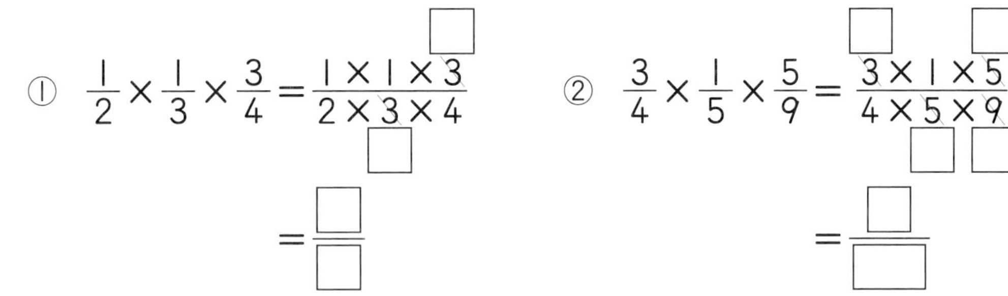

① $\frac{1}{2}\times\frac{1}{3}\times\frac{3}{4}=\frac{1\times1\times3}{2\times3\times4}$（3の上に□，3の下に□）

$=\frac{\square}{\square}$

② $\frac{3}{4}\times\frac{1}{5}\times\frac{5}{9}=\frac{3\times1\times5}{4\times5\times9}$（3の上に□，5の上に□，5の下に□，9の下に□）

$=\frac{\square}{\square}$

〈積とかけられる数の大小〉

3 積の大きさとかけられる数の大きさを比べます。次の問題に答えましょう。〔1つ 4点〕

/16点

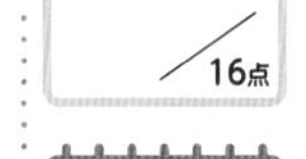

㋐ $4\times\frac{1}{3}\ \square\ 4$

㋑ $4\times1\frac{1}{3}\ \square\ 4$

① 左の㋐，㋑の□にあてはまる不等号を書きましょう。

② 下の（　）の中の正しいほうを○でかこみましょう。

> ㋐ 1より小さい数をかけると，積はかけられる数より（大きく，小さく）なる。
>
> ㋑ 1より大きい数をかけると，積はかけられる数より（大きく，小さく）なる。

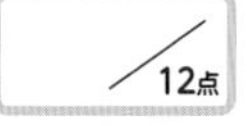

〈何倍を表す分数〉

4 下の図を見て，次の問題に答えましょう。　〔1問　6点〕

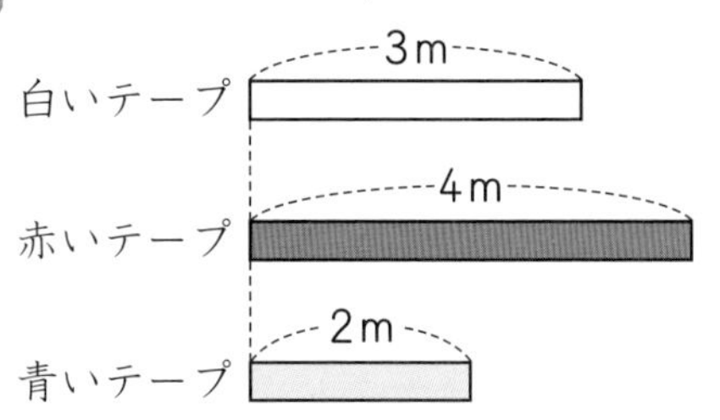

① 赤いテープの長さは，白いテープの長さの何倍ですか。分数で表しましょう。

式　4 ÷ □ ＝ □

答え（　　　　　）

② 青いテープの長さは，白いテープの長さの何倍ですか。分数で表しましょう。

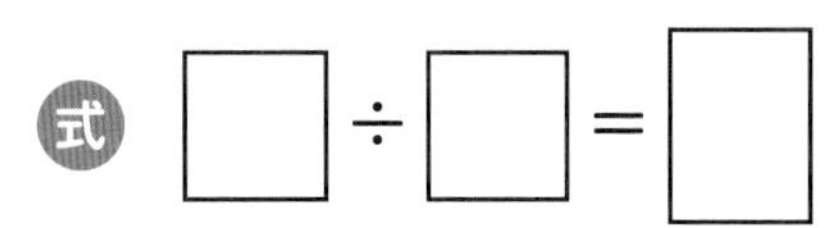

答え（　　　　　）

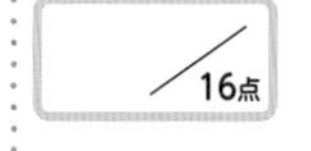

〈何倍にあたる量を求める〉

5 下の図を見て，次の問題に答えましょう。　〔1問　8点〕

ぜんぶ できたら

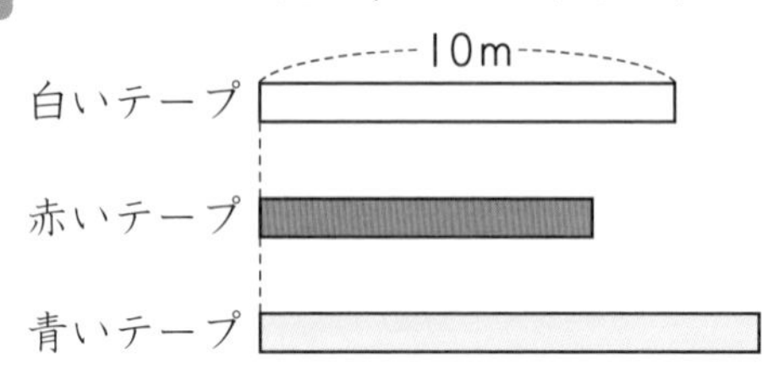

① 赤いテープの長さは，白いテープの長さの$\frac{4}{5}$倍にあたります。赤いテープの長さは何mですか。

文章題 17・18ページ

② 青いテープの長さは，白いテープの長さの$\frac{6}{5}$倍にあたります。青いテープの長さは何mですか。

式　10 × □ ＝ □

答え（　　　　　）

〈時間と分数〉

6 $\frac{2}{3}$時間は何分（ぶん）になるか求めます。次の問題に答えましょう。

〔1問全部できて　8点〕

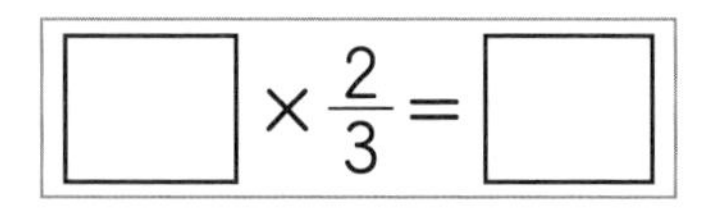

① $\frac{2}{3}$時間は，何分（ぶん）の$\frac{2}{3}$といえますか。

（　　　　　）

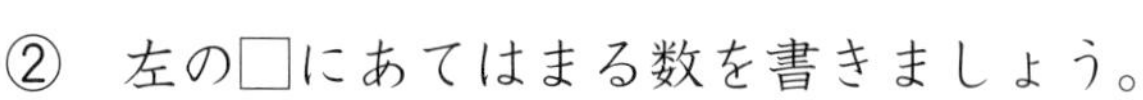

③ $\frac{2}{3}$時間は何分（ぶん）ですか。　（　　　　　）

5 完成テスト 分数のかけ算

完成目標時間 25分

●復習のめやす
基本テスト・関連ドリルなどでしっかり復習しよう！
0点　80点 合格　100点

合計得点　／100点

関連ドリル
●分数　P.13～28，45・46
●数・量・図形　P.5・6
●文章題　P.13～18，37

1 次の計算をしましょう。〔1問　5点〕

① $\frac{3}{4} \times \frac{1}{5}$

② $\frac{2}{7} \times \frac{4}{9}$

③ $\frac{1}{6} \times \frac{4}{5}$

④ $\frac{4}{9} \times \frac{3}{8}$

⑤ $4 \times \frac{5}{6}$

⑥ $1\frac{2}{5} \times \frac{2}{9}$

⑦ $1\frac{3}{8} \times \frac{4}{5}$

⑧ $2\frac{1}{4} \times 1\frac{5}{9}$

2 次の計算をしましょう。〔1問　5点〕

① $\frac{2}{3} \times \frac{1}{4} \times \frac{3}{5}$

② $\frac{8}{9} \times \frac{4}{5} \times \frac{3}{4}$

③ $1\frac{3}{4} \times \frac{2}{5} \times \frac{5}{7}$

④ $1\frac{1}{3} \times \frac{7}{9} \times 1\frac{1}{8}$

3 次の□にあてはまる不等号を書きましょう。〔1問　4点〕

① $6 \times \frac{4}{7}$ □ 6

② $6 \times \frac{8}{7}$ □ 6

4 1mの重さが$\frac{2}{5}$kgの鉄のぼうがあります。この鉄のぼう$\frac{3}{8}$mの重さは何kgですか。

〔6点〕

式

答え（　　　　）

5 1dLのペンキで$\frac{5}{6}$m²のかべをぬることができます。このペンキ$\frac{4}{5}$dLでは何m²のかべをぬることができますか。

〔6点〕

式

答え（　　　　）

6 ゆうなさんは，1kgが600円の豆を$1\frac{2}{5}$kg買いました。豆の代金はいくらですか。

〔6点〕

式

答え（　　　　）

7 ジュースと牛にゅうがあります。ジュースは$1\frac{1}{4}$Lで，牛にゅうはその$\frac{3}{5}$にあたります。牛にゅうは何Lありますか。

〔6点〕

式

答え（　　　　）

8 次の□にあてはまる数を書きましょう。

〔1問　4点〕

① $\frac{1}{4}$時間＝□分

② $\frac{2}{3}$分＝□秒

6 基本テスト① 分数のわり算

完成 目標時間 20分

基本の問題のチェックだよ。
できなかった問題は，しっかり学習してから
完成テストをやろう！

合計得点 ／100点

関連ドリル ●分数 P.29～44

〈分数を分数でわる計算〉

1 次の計算の□にあてはまる数を書きましょう。〔1問全部できて 8点〕

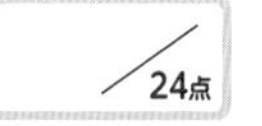

分数 29ページ～

① $\frac{2}{7} \div \frac{3}{4} = \frac{2}{7} \times \frac{4}{3} = \frac{\square}{\square}$

② $\frac{3}{5} \div \frac{2}{3} = \frac{3}{5} \times \frac{\square}{2} = \frac{\square}{\square}$

③ $\frac{3}{7} \div \frac{2}{5} = \frac{3}{7} \times \frac{\square}{\square} = \frac{\square}{\square} = \square\frac{\square}{\square}$

★覚えておこう

分数でわる計算は，わる数の分母と分子を入れかえた分数をかけます。

〈整数を分数でわる計算，分数を整数でわる計算〉

2 次の計算の□にあてはまる数を書きましょう。〔1問全部できて 5点〕

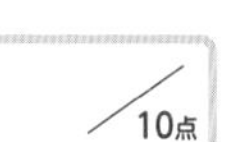

① $4 \div \frac{3}{7} = 4 \times \frac{7}{\square} = \frac{\square}{\square} = \square\frac{\square}{\square}$

② $\frac{2}{7} \div 3 = \frac{2}{7 \times \square} = \frac{2}{\square}$

〈帯分数のわり算〉

3 次の計算の□にあてはまる数を書きましょう。〔1問全部できて 8点〕

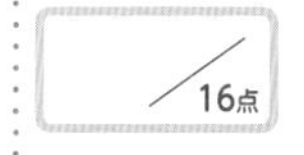

分数 31ページ～

① $1\frac{1}{4} \div \frac{2}{3} = \frac{\square}{4} \div \frac{2}{3} = \frac{\square}{4} \times \frac{\square}{2} = \frac{\square}{8} = \square\frac{\square}{8}$

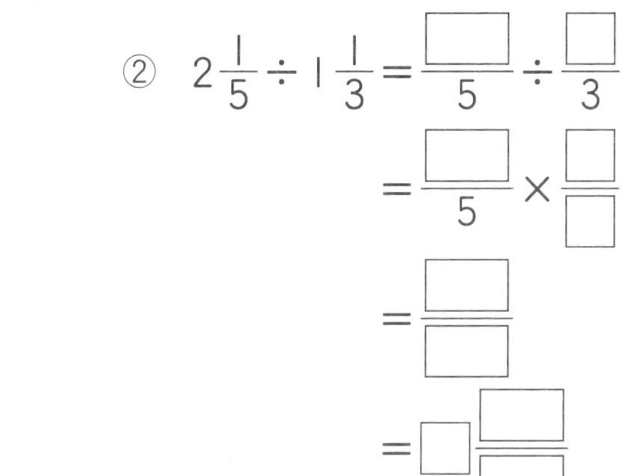

② $2\frac{1}{5} \div 1\frac{1}{3} = \frac{\square}{5} \div \frac{\square}{3} = \frac{\square}{5} \times \frac{\square}{\square} = \frac{\square}{\square} = \square\frac{\square}{\square}$

〈約分のあるわり算〉

4 次の計算の□にあてはまる数を書きましょう。　〔1問全部できて　10点〕

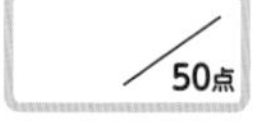

ぜんぶできたら

分数 32ページ～

① $\frac{5}{6}\div\frac{3}{4}=\frac{5}{\cancel{6}_{\square}}\times\frac{\cancel{4}^{\square}}{3}$

$=\frac{\square}{\square}$

$=\square\frac{\square}{\square}$

② $\frac{3}{5}\div\frac{9}{10}=\frac{\cancel{3}^{\square}}{\cancel{5}_{\square}}\times\frac{\cancel{10}^{\square}}{\cancel{9}_{\square}}$

$=\frac{\square}{\square}$

③ $2\frac{1}{3}\div\frac{2}{3}=\frac{\square}{3}\div\frac{2}{3}$

$=\frac{\square}{\cancel{3}_{\square}}\times\frac{\cancel{3}^{\square}}{2}$

$=\frac{\square}{\square}$

$=\square\frac{\square}{\square}$

④ $\frac{7}{12}\div1\frac{3}{4}=\frac{7}{12}\div\frac{\square}{4}$

$=\frac{\cancel{7}^{\square}}{\cancel{12}_{\square}}\times\frac{\cancel{4}^{\square}}{\cancel{7}_{\square}}$

$=\frac{\square}{\square}$

⑤ $1\frac{5}{9}\div2\frac{2}{3}=\frac{\square}{9}\div\frac{\square}{3}$

$=\frac{\cancel{14}^{\square}}{\cancel{9}_{\square}}\times\frac{\cancel{3}^{\square}}{\cancel{8}_{\square}}$

$=\frac{\square}{\square}$

7 基本テスト②　分数のわり算

完成 目標時間 20分

基本の問題のチェックだよ。
できなかった問題は，しっかり学習してから
完成テストをやろう！

合計得点　/100点

関連ドリル
●分数　P.37～44，47・48
●文章題　P.38
●数・量・図形　P.7・8

〈整数と分数のわり算〉

1 次の計算の□にあてはまる数を書きましょう。〔1問全部できて　6点〕

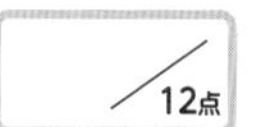

/12点

ぜんぶできたら　分数 37ページ～

① $4 \div \frac{3}{7} = \frac{4}{\square} \div \frac{3}{7}$

$= \frac{4}{\square} \times \frac{7}{\square}$

$= \frac{28}{\square}$

$= \square\frac{\square}{\square}$

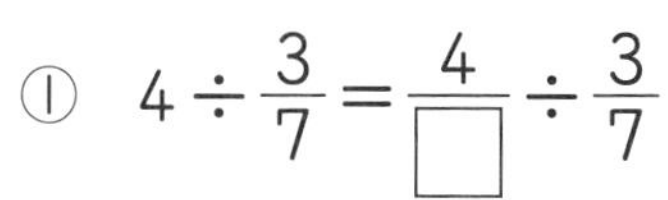

② $\frac{4}{5} \div 3 = \frac{4}{5} \div \frac{3}{\square}$

$= \frac{4}{5} \times \frac{\square}{\square}$

$= \frac{\square}{\square}$

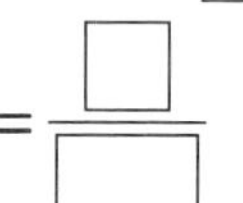

〈3つの分数のかけ算・わり算〉

2 次の計算の□にあてはまる数を書きましょう。〔1問全部できて　6点〕

/24点

ぜんぶできたら　分数 47・48ページ

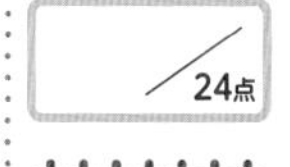

① $\frac{3}{7} \div \frac{4}{7} \times \frac{5}{6} = \frac{3 \times 7 \times 5}{7 \times 4 \times 6}$

$= \frac{\square}{\square}$

② $\frac{5}{7} \times \frac{2}{3} \div \frac{2}{7} = \frac{5 \times 2 \times 7}{7 \times 3 \times 2}$

$= \frac{\square}{\square} = \square\frac{\square}{\square}$

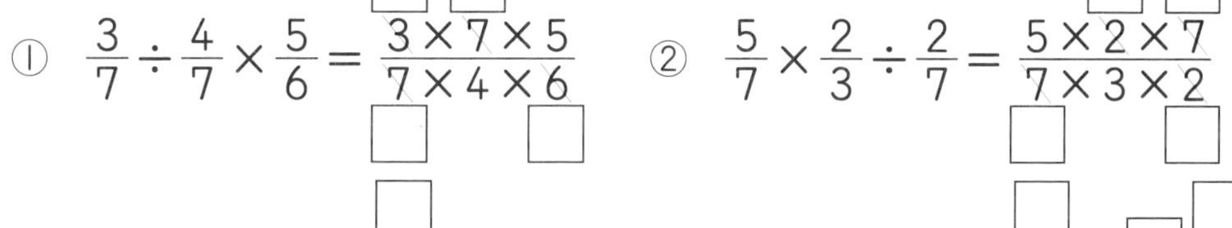

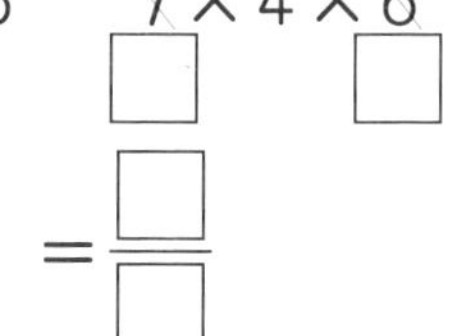

③ $\frac{3}{7} \div \frac{2}{3} \div \frac{3}{4} = \frac{3 \times 3 \times 4}{7 \times 2 \times 3}$

$= \frac{\square}{\square}$

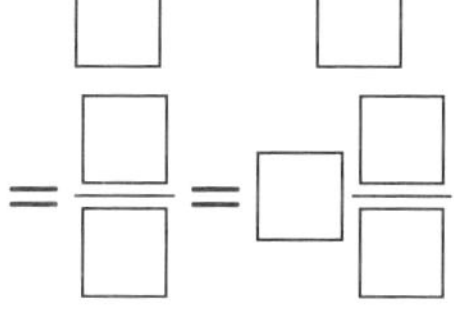

④ $\frac{4}{7} \div \frac{4}{9} \div \frac{3}{14} = \frac{4 \times 9 \times 14}{7 \times 4 \times 3}$

$= \square$

〈商とわられる数の大小〉

3 商の大きさとわられる数の大きさを比べます。次の問題に答えましょう。

〔1つ　5点〕

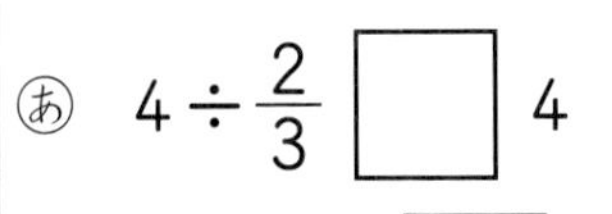

ⓐ $4 \div \frac{2}{3}$ □ 4

ⓘ $4 \div 1\frac{2}{3}$ □ 4

① 左のⓐ，ⓘの□にあてはまる不等号を書きましょう。

② 下の(　)の中の正しいほうを○でかこみましょう。

㋐ 1より小さい数でわると，商はわられる数より（大きく，小さく）なる。

㋑ 1より大きい数でわると，商はわられる数より（大きく，小さく）なる。

〈何倍からもとにする量を求める〉

4 下の図を見て，次の問題に答えましょう。

〔1問　8点〕

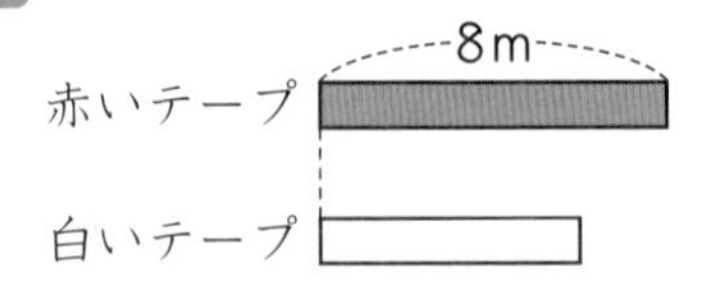

① 赤いテープの長さは，白いテープの長さの$\frac{4}{3}$倍にあたります。白いテープの長さは何mですか。

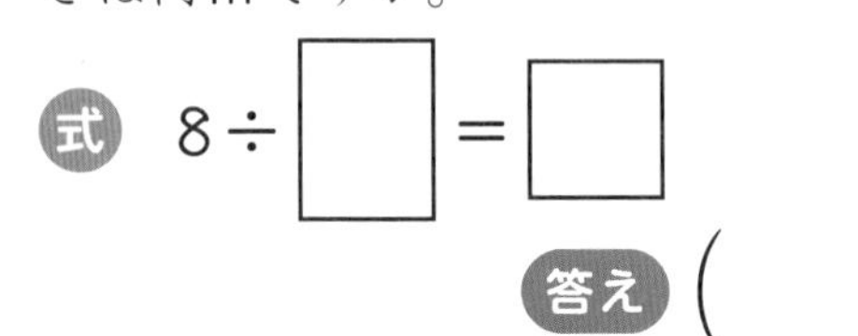

式 8÷□＝□

答え（　　　）

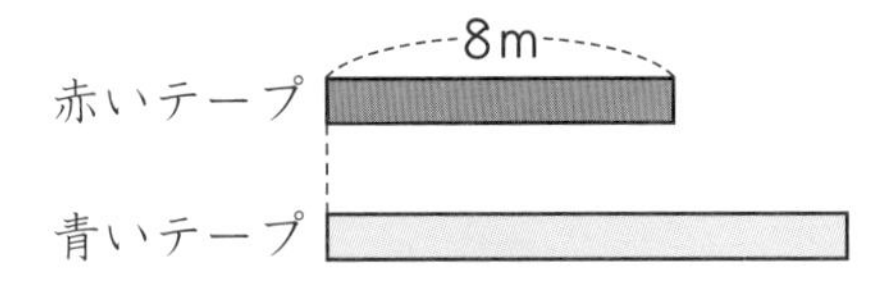

② 赤いテープの長さは，青いテープの長さの$\frac{2}{3}$倍にあたります。青いテープの長さは何mですか。

式 8÷□＝□

答え（　　　）

〈逆数〉

5 下の式を見て，次の問題に答えましょう。

〔①1つ　6点，②　10点〕

ⓐ $\frac{2}{3} \times$ □ $= 1$

ⓘ $\frac{5}{4} \times$ □ $= 1$

ⓤ $\frac{1}{5} \times$ □ $= 1$

① 左のⓐ，ⓘ，ⓤの□にあてはまる数を次の［　］の中から選んで書きましょう。

$\frac{4}{5}$　$\frac{3}{2}$　5

② 2つの数の積が1になるとき，一方の数を他方の数の何といいますか。

（　　　）

20点

ぜんぶできたら

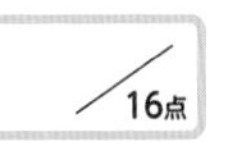

16点

ぜんぶできたら

文章題 38ページ

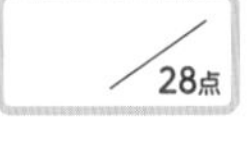

28点

ぜんぶできたら

数・量・図形 7・8ページ

8 完成テスト 分数のわり算

完成 目標時間 25分

復習のめやす
基本テスト・関連ドリルなどでしっかり復習しよう！
0点 80点 100点

合計得点 ／100点

関連ドリル
●分数 P.29～44，47・48
●数・量・図形 P.7・8
●文章題 P.19～28，38

1 次の計算をしましょう。 〔1問 4点〕

① $\frac{1}{3} \div \frac{4}{5}$

② $\frac{4}{9} \div \frac{2}{5}$

③ $\frac{2}{3} \div \frac{5}{6}$

④ $\frac{3}{4} \div \frac{9}{16}$

⑤ $6 \div \frac{8}{9}$

⑥ $\frac{9}{10} \div 1\frac{1}{5}$

⑦ $2\frac{1}{3} \div \frac{5}{9}$

⑧ $1\frac{7}{9} \div 2\frac{2}{3}$

2 次の計算をしましょう。 〔1問 4点〕

① $\frac{4}{9} \div \frac{2}{7} \div \frac{1}{3}$

② $\frac{3}{8} \div \frac{5}{6} \times 1\frac{2}{3}$

3 次の□にあてはまる不等号を書きましょう。 〔1問 4点〕

① $6 \div \frac{4}{7}$ □ 6

② $6 \div 1\frac{2}{7}$ □ 6

4 次の数の逆数を分数か整数で表しましょう。(答えが仮分数のときは仮分数のままで)

〔1問　4点〕

① $\frac{3}{7}$ (　　　)　② $\frac{1}{8}$ (　　　)　③ $\frac{9}{7}$ (　　　)

④ 6 (　　　)　⑤ $1\frac{1}{3}$ (　　　)　⑥ 0.7 (　　　)

5 $\frac{3}{4}$mのテープを$\frac{3}{16}$mずつに切ると，テープは何本できますか。〔7点〕

式

答え (　　　)

6 $1\frac{3}{4}$kgの塩を$\frac{7}{12}$kgずつふくろに入れます。$\frac{7}{12}$kg入ったふくろは何ふくろできますか。〔7点〕

式

答え (　　　)

7 はるきさんの体重は32kgで，これは，お父さんの体重の$\frac{8}{15}$にあたります。お父さんの体重は何kgですか。〔7点〕

式

答え (　　　)

8 小さいびんにしょう油が$\frac{4}{5}$L入っています。これは，大きいびんに入っているしょう油の量の$\frac{2}{3}$にあたります。大きいびんに入っているしょう油は何Lですか。〔7点〕

式

答え (　　　)

分数と小数，整数

基本の問題のチェックだよ。
できなかった問題は，しっかり学習してから
完成テストをやろう！

合計得点 ／100点

関連ドリル ●分数 P.59～66

〈分数と小数の混じった計算〉

1 次の計算の□にあてはまる数を書きましょう。 〔1問全部できて 10点〕

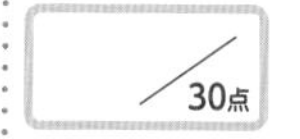

① $\frac{4}{7} \times 0.3 = \frac{4}{7} \times \frac{\square}{10}$

$= \frac{4 \times \square}{7 \times 10}$

$= \frac{\square}{\square}$

★ 覚えておこう

分数と小数が混じった計算は，小数を分数になおしてから計算します。

② $0.8 \div \frac{2}{3} = \frac{\square}{10} \div \frac{2}{3}$

$= \frac{\square}{10} \times \frac{\square}{2}$

$= \frac{\overset{4}{8} \times \square}{10 \times 2}$

$= \frac{\square}{\square}$

$= \square\frac{\square}{\square}$

③ $0.7 \times \frac{2}{3} \div 2\frac{1}{3} = \frac{\square}{10} \times \frac{2}{3} \div \frac{\square}{3}$

$= \frac{\square}{10} \times \frac{2}{3} \times \frac{3}{\square}$

$= \frac{7 \times 2 \times 3}{10 \times 3 \times 7}$

$= \frac{\square}{\square}$

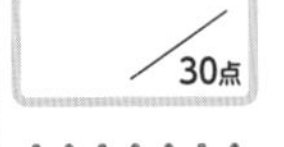

〈整数や小数の混じった計算〉

2 次の計算の□にあてはまる数を書きましょう。　〔1問全部できて　15点〕

ぜんぶできたら

分数 59ページ～

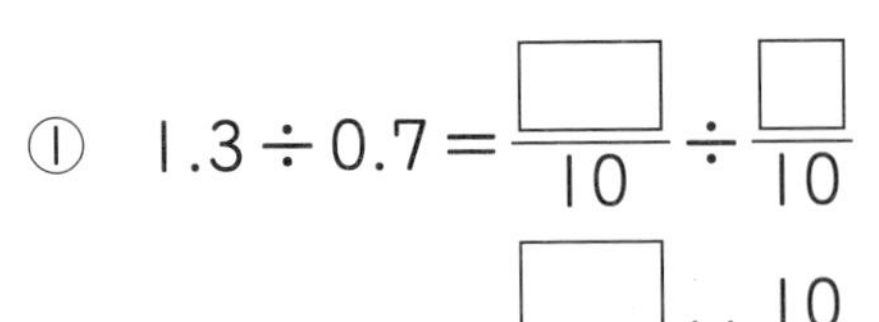

① $1.3 \div 0.7 = \frac{\square}{10} \div \frac{\square}{10}$

$= \frac{\square}{10} \times \frac{10}{\square}$

$= \frac{\square \times \overset{\square}{\cancel{10}}}{\underset{\square}{\cancel{10}} \times \square}$

$= \frac{\square}{\square} = \square\frac{\square}{\square}$

② $0.9 \times 5 \div 2.7 = \frac{\square}{10} \times \frac{5}{\square} \div \frac{\square}{10}$

$= \frac{\square}{10} \times \frac{5}{\square} \times \frac{10}{\square}$

$= \frac{\overset{\square}{\cancel{9}} \times 5 \times \overset{\square}{\cancel{10}}}{\underset{\square}{\cancel{10}} \times 1 \times \underset{\square}{\cancel{27}}}$

$= \frac{\square}{\square} = \square\frac{\square}{\square}$

〈割合(わりあい)の和を使う問題〉

3 赤いテープが6mあります。青いテープの長さは，赤いテープの長さより，その$\frac{1}{3}$だけ長いそうです。青いテープは何mあるかを，次の式の□にあてはまる数を書いて求めましょう。〔20点〕

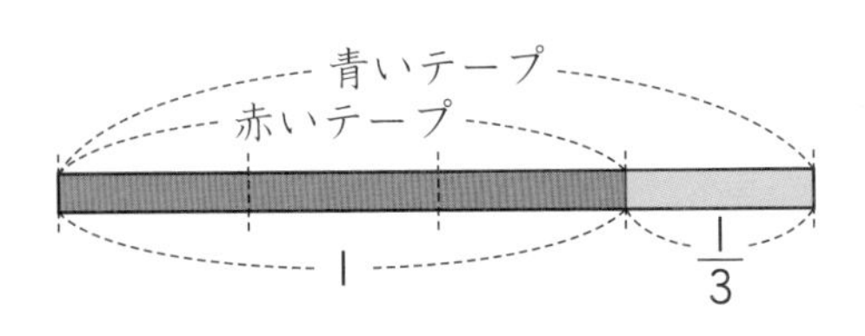

式　$6 \times (1 + \square) = \square$

答え（　　　　）

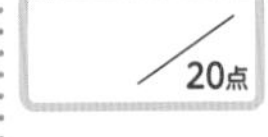

〈割合の差を使う問題〉

4 テープが6mあります。そのうち$\frac{1}{3}$を使ったら，残りは何mになりますか。次の式の□にあてはまる数を書いて答えを求めましょう。〔20点〕

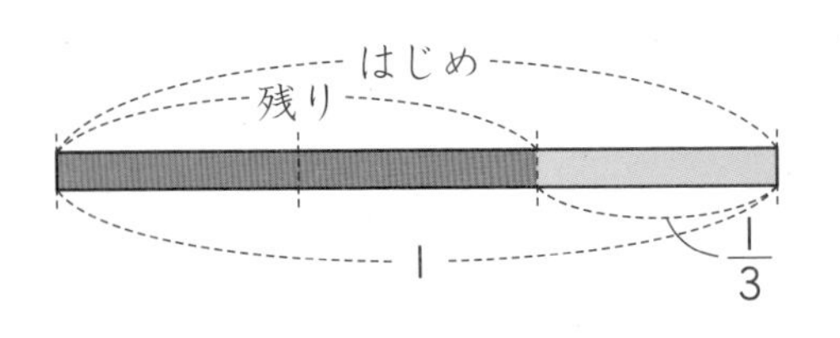

式　$6 \times (1 - \square) = \square$

答え（　　　　）

完成 目標時間 30分

分数と小数，整数

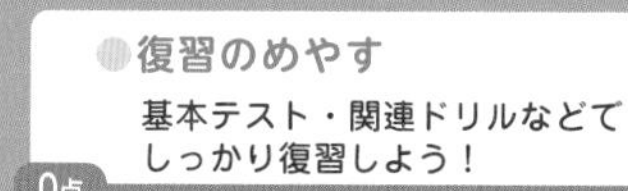

合計得点 ／100点

関連ドリル ●分数 P.59〜66

1 整数や小数を分数になおして計算しましょう。 〔1問　6点〕

① $\frac{3}{4}\times\frac{3}{5}\div0.2$

② $\frac{5}{12}\div0.25\div1\frac{2}{3}$

③ $\frac{2}{3}\times0.6\div2$

④ $1.3\times7\div2.1$

2 次の計算をしましょう。 〔1問　6点〕

① $\frac{5}{8}\times2+\frac{1}{4}$

② $4\frac{1}{6}-3\frac{2}{3}\div2$

③ $\left(\frac{1}{3}+2\right)\times\frac{1}{3}$

④ $1\frac{3}{4}\div\left(\frac{5}{6}-\frac{1}{3}\right)$

3 小さいびんには水が1.8dL入ります。大きいびんにはその$1\frac{2}{3}$倍の水が入るそうです。大きいびんには何dLの水が入りますか。 〔8点〕

（　　　　　）

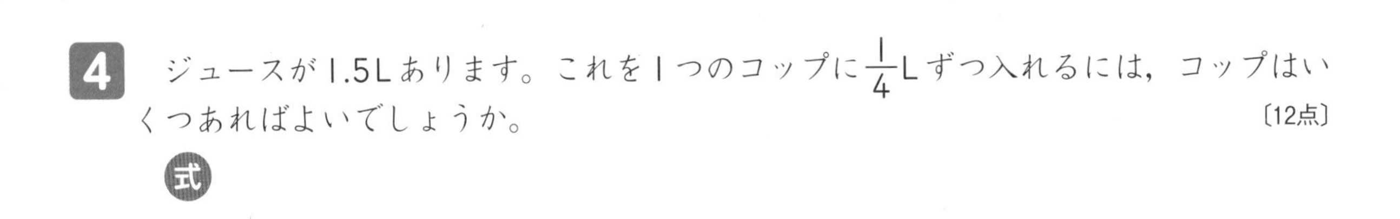

4 ジュースが1.5Lあります。これを1つのコップに$\frac{1}{4}$Lずつ入れるには，コップはいくつあればよいでしょうか。〔12点〕

式

答え（　　　　）

5 2.1m²の畑の草を45分間で取るとすると，1時間で何m²の畑の草を取ることになりますか。時間を分数で表して式に書き，答えを求めましょう。〔12点〕

式

答え（　　　　）

6 まさとさんの体重は32kgです。兄さんの体重は，まさとさんの体重の$\frac{1}{4}$だけ重いそうです。兄さんの体重は何kgですか。〔10点〕

式

答え（　　　　）

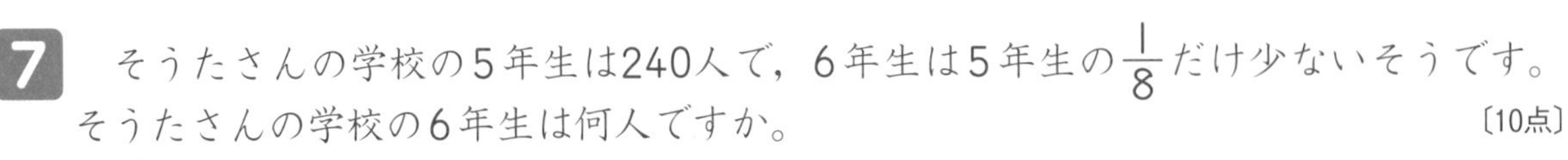

7 そうたさんの学校の5年生は240人で，6年生は5年生の$\frac{1}{8}$だけ少ないそうです。そうたさんの学校の6年生は何人ですか。〔10点〕

式

答え（　　　　）

11 基本テスト 線対称と点対称

完成 目標時間 20分

基本の問題のチェックだよ。
できなかった問題は，しっかり学習してから
完成テストをやろう！

合計得点 ／100点

関連ドリル ●数・量・図形 P.23〜32

〈線対称な図形〉

1 右の図形について，次の問題に答えましょう。〔1問 5点〕 ／15点

① 右の図形は，直線アイを折りめにして二つ折りにすると，ぴったり重なりますか，重なりませんか。

(　　　　　　)

② 右の図形は，線対称ですか，点対称ですか。(　　　　　　)

③ 直線アイを何といいますか。(　　　　　　)

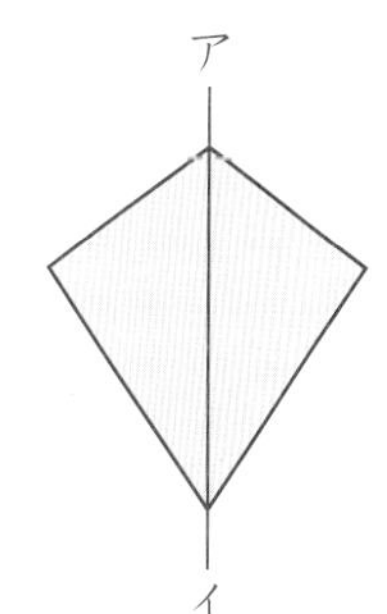

〈対応する点・辺・角〉

2 右の図は線対称な図形です。次の問題に答えましょう。〔1問 5点〕

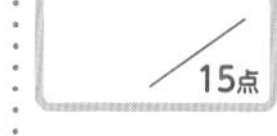

① 点A(エー)に対応する点はどれですか。(　　　　　　)

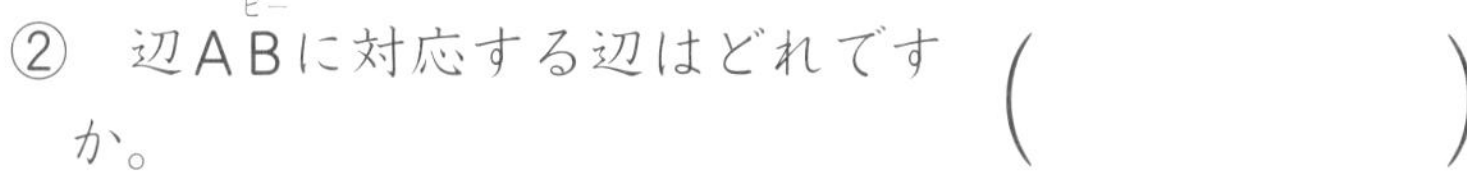

② 辺AB(ビー)に対応する辺はどれですか。(　　　　　　)

③ 角Bに対応する角はどれですか。(　　　　　　)

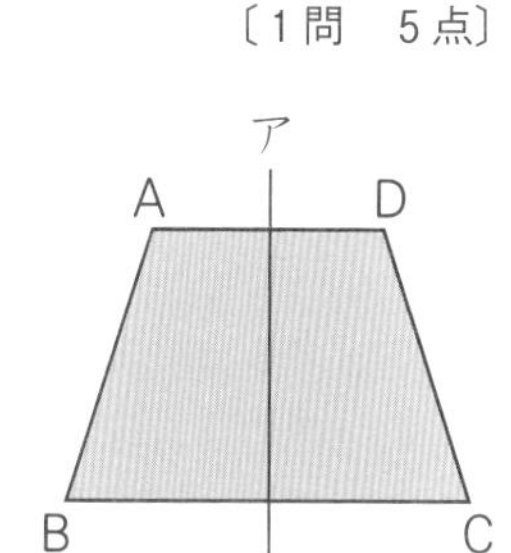

〈線対称な図形の性質〉

3 右の図は線対称な図形です。次の問題に答えましょう。〔1問 5点〕 ／20点

① 直線BF(エフ)と対称の軸(じく)アイが交わる角度は何度ですか。

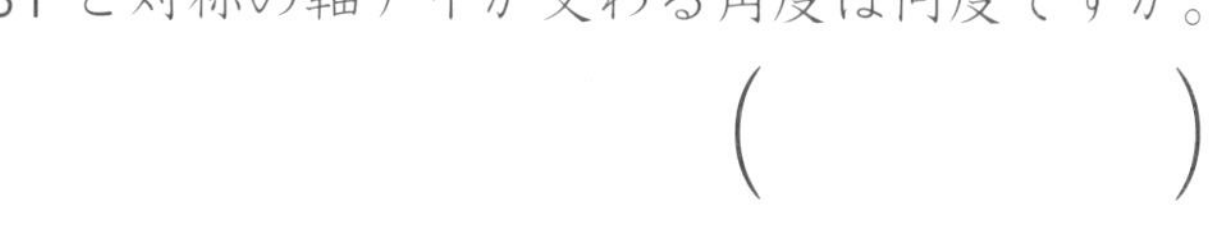

(　　　　　　)

② 対応する点をつなぐ直線と対称の軸が交わる角度は何度ですか。(　　　　　　)

③ 直線BG(ジー)とFGの長さは，どうなっていますか。

(　　　　　　)

④ 対応する点をつなぐ直線と対称の軸とが交わる点から，対応する2つの点までの長さはどうなっていますか。(　　　　　　)

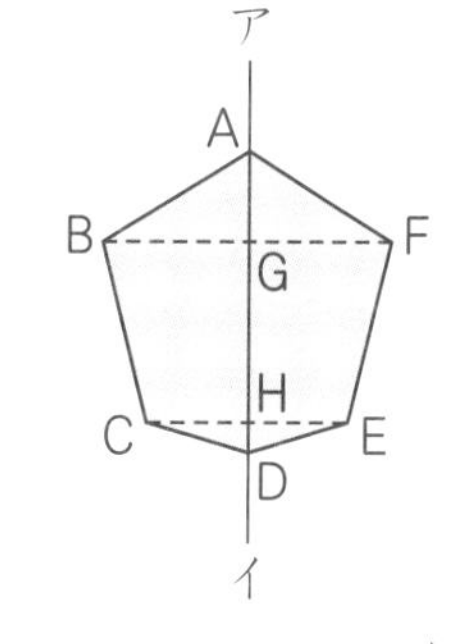

〈点対称な図形〉

4 右の図形について，次の問題に答えましょう。 〔1問　5点〕

/15点

ぜんぶ できたら

数・量・図形 29ページ～

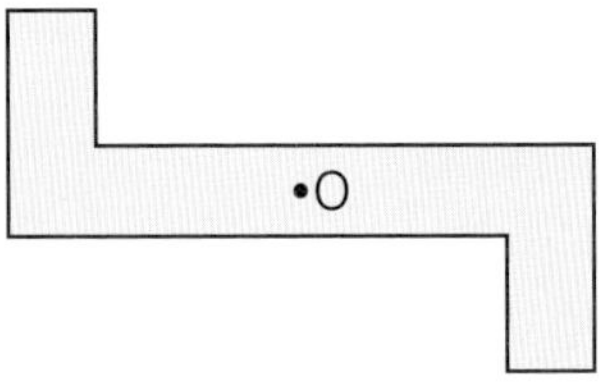

① 右の図形は，点Oを中心にして180°回転すると，もとの形とぴったり重なりますか，重なりませんか。

(　　　　　)

② 右の図形は，線対称ですか，点対称ですか。

(　　　　　)

③ 点Oを何といいますか。 (　　　　　)

〈対応する点・辺・角〉

5 右の図は点対称な図形です。次の問題に答えましょう。 〔1問　5点〕

/15点

ぜんぶ できたら

数・量・図形 29ページ～

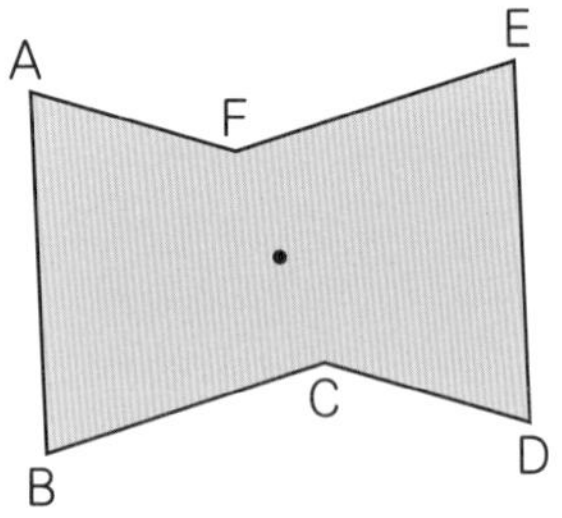

① 点Aに対応する点はどれですか。

(　　　　　)

② 辺AFに対応する辺はどれですか。

(　　　　　)

③ 角Bに対応する角はどれですか。

(　　　　　)

〈点対称な図形の性質〉

6 右の図は，点Oを対称の中心とした点対称な図形です。次の問題に答えましょう。 〔1問　5点〕

/20点

ぜんぶ できたら

数・量・図形 31・32ページ

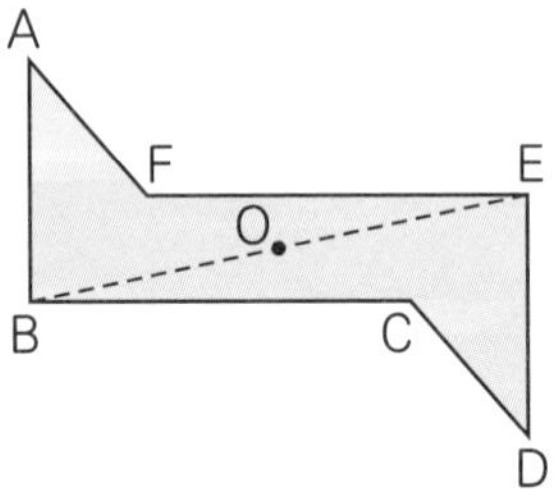

① 直線ADは，点Oを通りますか，通りませんか。

(　　　　　)

② 対応する点をつないだ直線は，すべて点Oを通りますか，通りませんか。

(　　　　　)

③ 直線OBとOEの長さはどうなっていますか。

(　　　　　)

④ 対称の中心から対応する2つの点までの長さはどうなっていますか。

(　　　　　)

12 完成テスト 線対称と点対称

完成目標時間 20分

復習のめやす
基本テスト・関連ドリルなどでしっかり復習しよう！
0点　80点 合格　100点

合計得点 ／100点

関連ドリル ●数・量・図形 P.23〜32

1 右の図は線対称な図形です。次の問題に答えましょう。〔1問　6点〕

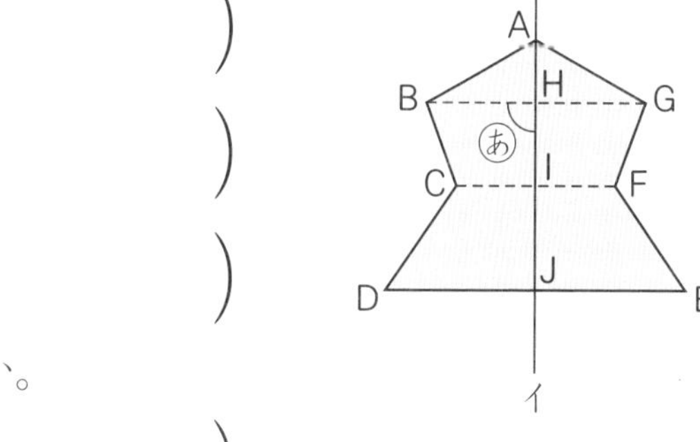

① 辺ABと長さの等しい辺はどれですか。

（　　　　　）

② 角Bと等しい角はどれですか。

（　　　　　）

③ 角ⓐの大きさは何度ですか。

（　　　　　）

④ 直線ICと長さの等しい直線はどれですか。

（　　　　　）

2 右の図は点対称な図形です。次の問題に答えましょう。〔1問　6点〕

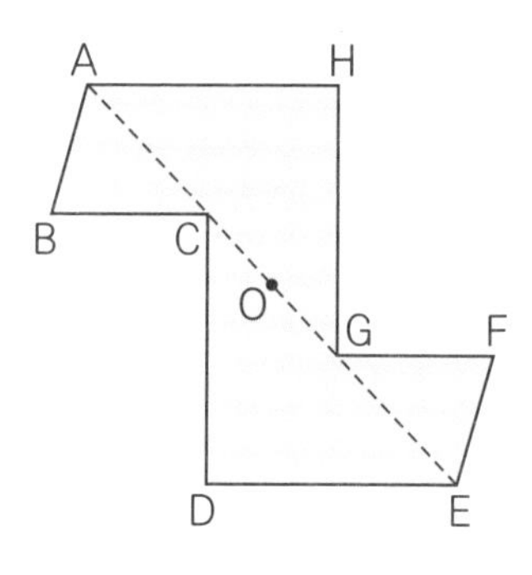

① 辺CDと長さの等しい辺はどれですか。

（　　　　　）

② 点BとFをつないだ直線はどの点を通りますか。

（　　　　　）

③ 直線OAと長さの等しい直線はどれですか。

（　　　　　）

3 下の図は線対称な図形です。対称の軸を全部かき入れましょう。〔1問全部できて　6点〕

① （正三角形）

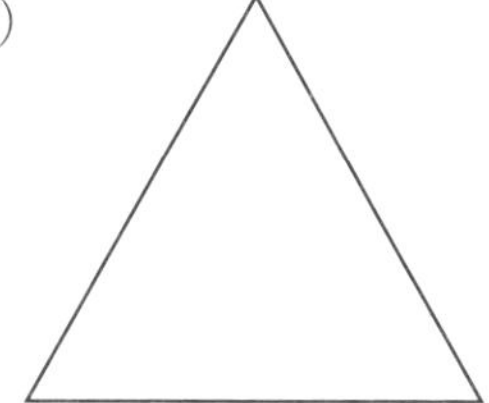

② （正五角形）

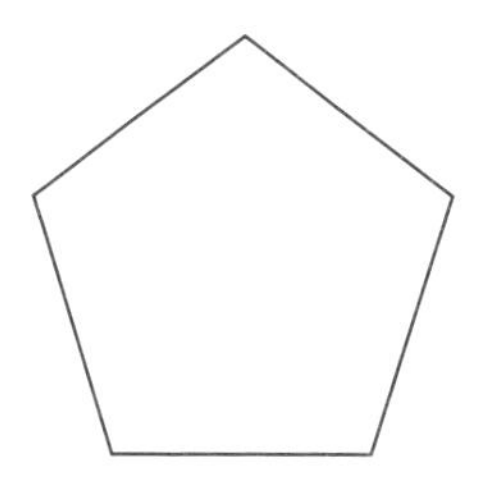

4 右の図は点対称な図形です。次の問題に答えましょう。

〔1問　6点〕

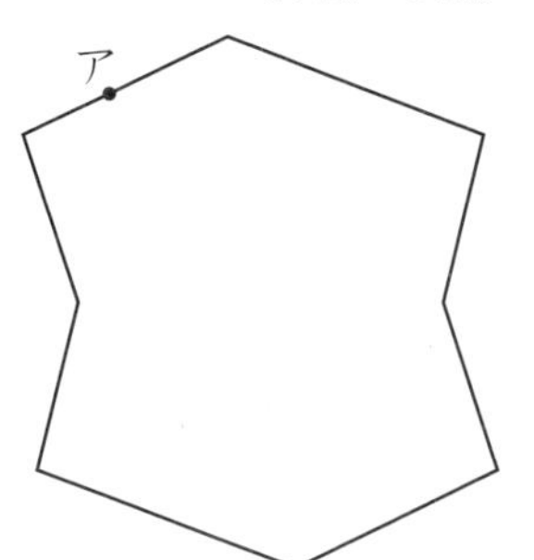

① 対称の中心Oをかき入れましょう。

② 点アに対応する点イをかき入れましょう。

5 下の①～③にあてはまる図形を，次の㋐～㋔から全部選んで記号で答えましょう。

〔1問全部できて　6点〕

㋐ 長方形　㋑ 二等辺三角形　㋒ 平行四辺形　㋓ ひし形　㋔ 正三角形

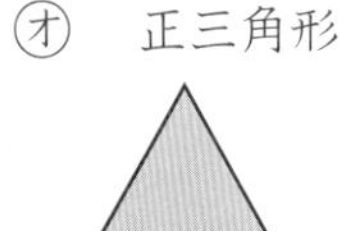

① 線対称であるが，点対称ではない図形はどれですか。　（　　　）

② 点対称であるが，線対称ではない図形はどれですか。　（　　　）

③ 線対称でもあり，点対称でもある図形はどれですか。　（　　　）

6 次の図形をかきましょう。

〔1問　8点〕

① 直線ABを対称の軸とした線対称な図形

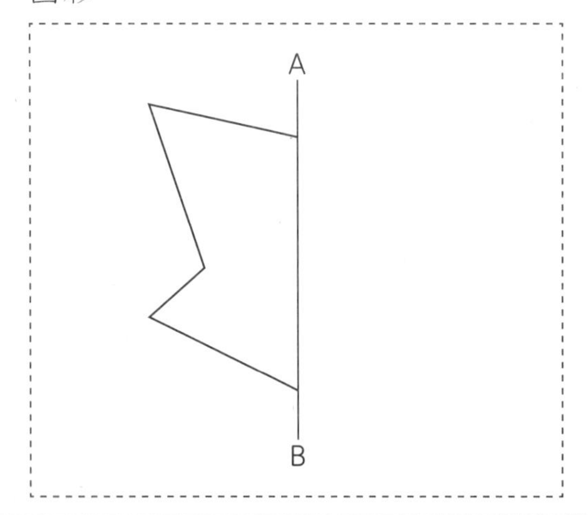

② 点Oを対称の中心とした点対称な図形

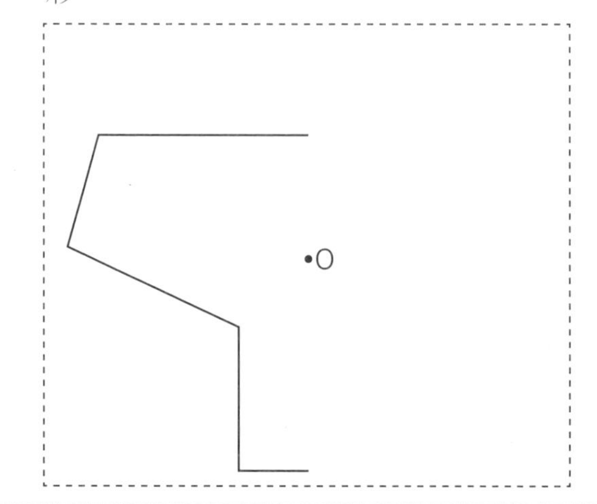

13 基本テスト 文字と式

完成目標時間 10分

基本の問題のチェックだよ。
できなかった問題は，しっかり学習してから
完成テストをやろう！

合計得点 /100点

関連ドリル ●文章題 P.5～8

〈xを使った式〉

1 同じねだんのえん筆を6本買おうと思います。このときの代金について，次の問題に答えましょう。〔1問 20点〕

/40点

ぜんぶできたら

① えん筆1本のねだんを□円として，代金を求める式を書きましょう。

(　　　　)

② えん筆1本のねだんをx円として，代金を求める式を書きましょう。

(　　　　)

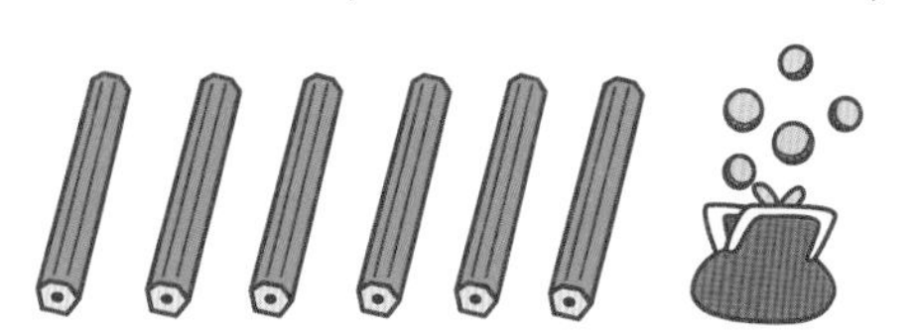

〈xを使った式〉

2 たけるさんとお父さんはたん生日が同じで，お父さんはたけるさんより30才年上です。たけるさんの年れいをx才として，お父さんの年れいを求める式を書きましょう。〔20点〕

/20点

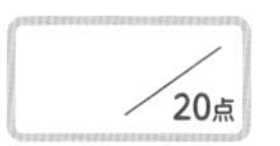

(　　　　)

〈xとyを使った式〉

3 右の図の正三角形のまわりの長さについて，次の問題に答えましょう。〔① 10点 ②1つ 10点〕

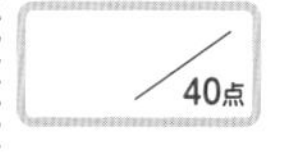

① 1辺の長さをx cm，そのときのまわりの長さをy cmとして，正三角形のまわりの長さを表す式を書きます。次の式の□にあてはまる数を書きましょう。

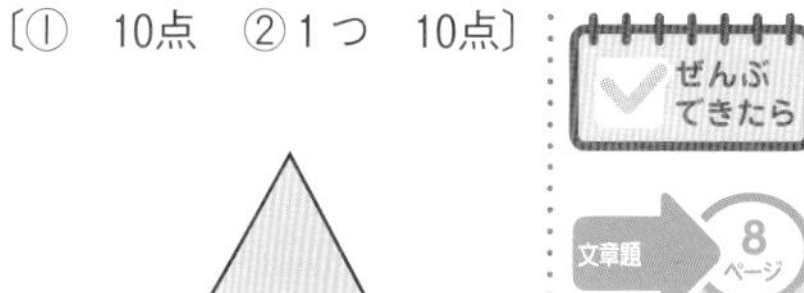

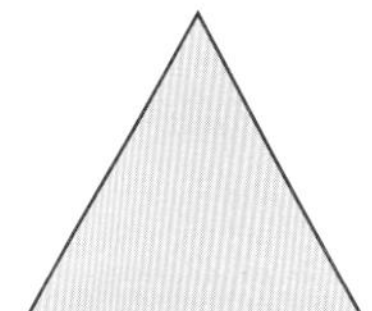

$x \times \square = y$

② ①の式で，xが次の値のときのyの値を求めましょう。

㋐ 3　(　　　)

㋑ 4　(　　　)

㋒ 5　(　　　)

14 完成テスト 文字と式

完成 目標時間 10分

●復習のめやす
基本テスト・関連ドリルなどでしっかり復習しよう！
0点　80点 合格　100点

合計得点　／100点

関連ドリル　●文章題 P.5～8

1 次のことを，x（エックス）やy（ワイ）を使った１つの式に表しましょう。〔1問　10点〕

① １さつx円のノートを４さつ買ったときの代金は300円でした。

（　　　　　　　　）

② 200gのかごにxgのかきを入れたときの全体の重さはygでした。

（　　　　　　　　）

③ xdLの牛にゅうをydL飲んだときの残りの牛にゅうの量は４dLでした。

（　　　　　　　　）

④ xLの油を５本のびんに同じ量ずつ入れたときのびん１本の油の量はyLです。

（　　　　　　　　）

2 よしきさんは，同じねだんのりんごを５個買って，40円のかごにつめてもらいました。〔1問　20点〕

① りんご１個のねだんをx円，全部の代金をy円として，１つの式に表しましょう。

（　　　　　　　　）

② りんご１個のねだんが90円のとき，全部の代金はいくらになりますか。

（　　　　　　　　）

③ xに，50，60，70，80をあてはめたとき，yが390になるのはxがいくつのときですか。

（　　　　　　　　）

比

基本の問題のチェックだよ。
できなかった問題は，しっかり学習してから
完成テストをやろう！

合計得点 ／100点

関連ドリル ●数・量・図形 P.17～22

〈比の表し方〉

1 次の長方形のたてと横の長さの割合(わりあい)を比（たての長さ：横の長さ）で表します。□にあてはまる数を書きましょう。 〔1問全部できて 6点〕

／12点

① 3cm, 4cm

□：□

② 4cm, 7cm

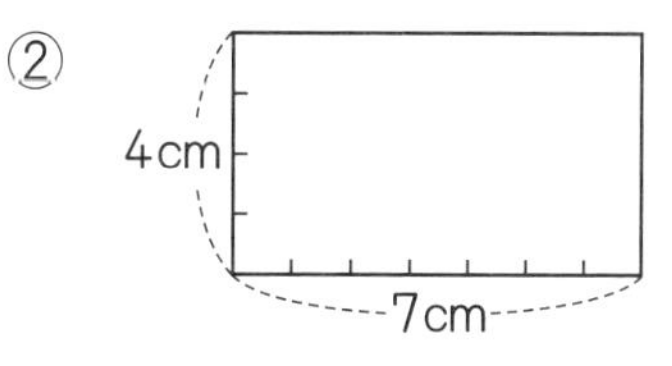

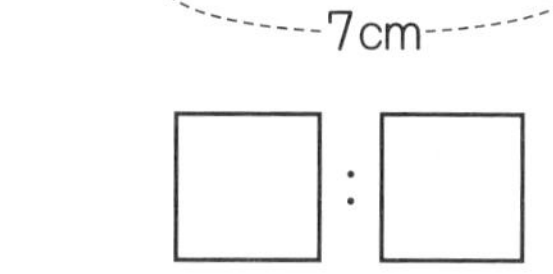

〈比と比の値(あたい)〉

2 右の図のような長方形があります。次の問題に答えましょう。 〔1問全部できて 6点〕

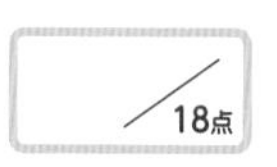

① たてと横の長さの比を書きましょう。

（　　　　）

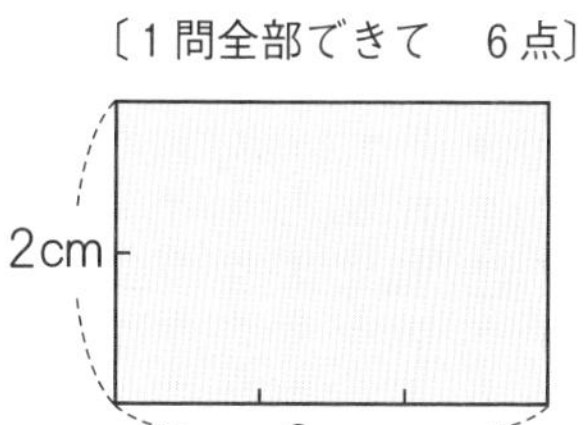

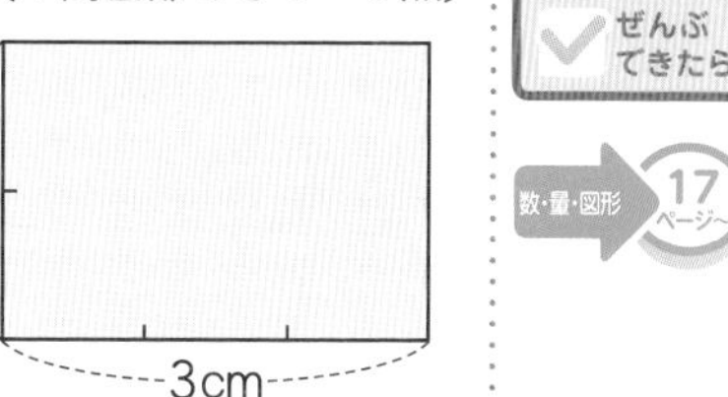

② 横の長さを1とみると，たての長さはいくつとみることができますか。

（　　　）

③ 横の長さを1とみたときの，たての長さの割合を2：3の比の値といいます。2：3の比の値は，次のようにして求めます。□にあてはまる数を書きましょう。

$$2:3 \longrightarrow 2\div 3=\frac{\square}{\square}$$

〈比〉　〈比の値〉

〈小数の比と比の値〉

3 赤いテープが3m，白いテープが2.5mあります。次の問題に答えましょう。 〔1問全部できて 7点〕

／14点

① 赤いテープと白いテープの長さの割合を比で表します。□にあてはまる小数を書きましょう。

赤 3m
白 2.5m

3：□

② ①の比の値を求めます。□にあてはまる小数を書きましょう。

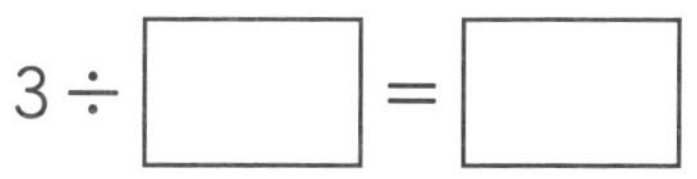

3÷□＝□

〈分数の比と比の値〉

4 牛にゅうが$\frac{1}{2}$dL，ジュースが$\frac{3}{4}$dLあります。次の問題に答えましょう。

16点

〔1問全部できて　8点〕

① 牛にゅうとジュースの量の割合を比で表します。次の□にあてはまる分数を書きましょう。

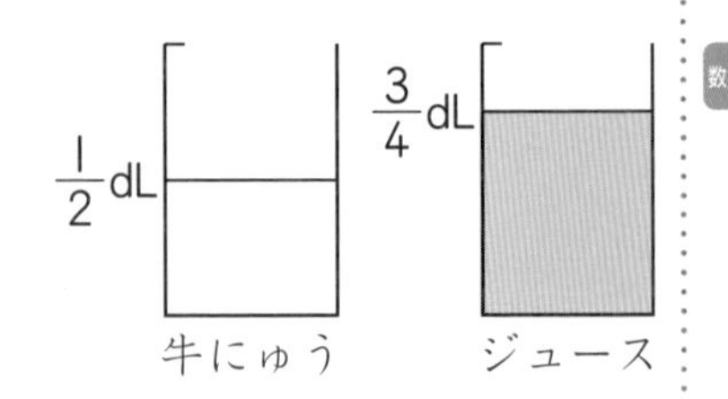

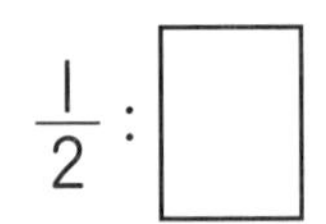

$\frac{1}{2}$：□

② ①の比の値を求めます。次の□にあてはまる分数を書きましょう。

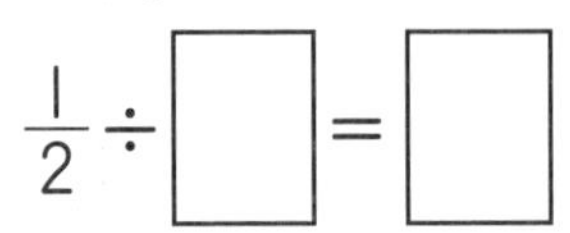

$\frac{1}{2}$÷□＝□

〈等しい比〉

5 右の図のような長方形があります。次の問題に答えましょう。

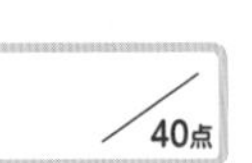

〔1問全部できて　8点〕

① 1cmを1とみたときの，たての長さと横の長さの比を書きましょう。

（　　　　　）

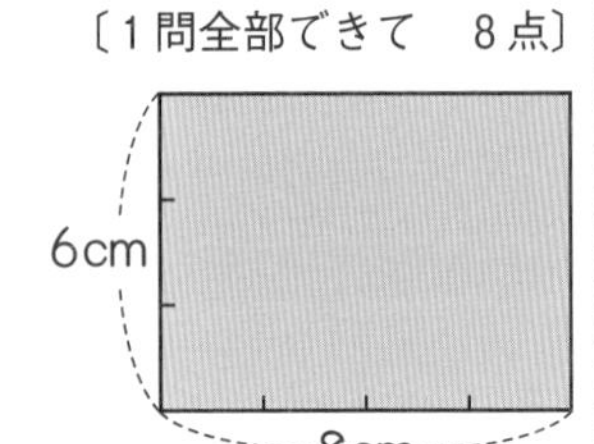

② 2cmを1とみたときの，たての長さと横の長さの比を書きましょう。

（　　　　　）

③ ①と②の比は，どちらも同じ長方形のたての長さと横の長さの比ですから，等しいといえます。次の□にあてはまる数を書きましょう。

6：8＝□：□

④ 比が等しいときの比の値を調べます。□にあてはまる数を書きましょう。

㋐ 6：8＝$\frac{6}{□}$＝$\frac{□}{□}$

㋑ 3：4＝$\frac{□}{□}$

⑤ 等しい比の，比の値は等しいといえますか。

（　　　　　）

16 基本テスト② 比

完成目標時間 20分

基本の問題のチェックだよ。
できなかった問題は，しっかり学習してから完成テストをやろう！

合計得点 ／100点

関連ドリル ●数・量・図形 P.19～22

〈比の性質〉

1 比の前の数と後の数に同じ数をかけて，等しい比をつくります。次の問題に答えましょう。 〔1問 6点〕

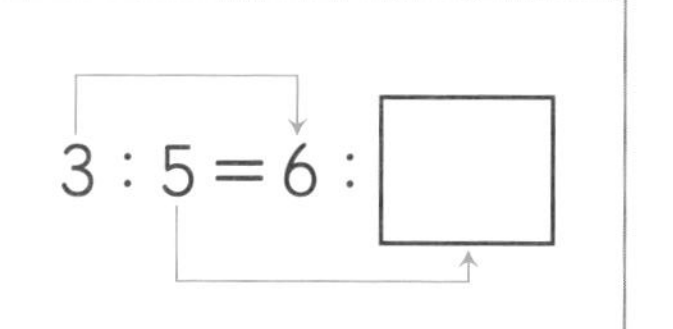

① 左の□の数を求めるには，比の後の数(5)にいくつをかければよいでしょうか。

（　　　）

② 左の□にあてはまる数を書きましょう。

〈比の性質〉

2 比の前の数と後の数を同じ数でわって，等しい比をつくります。次の問題に答えましょう。 〔1問 8点〕

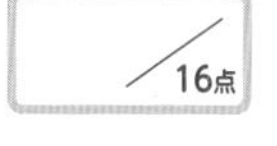

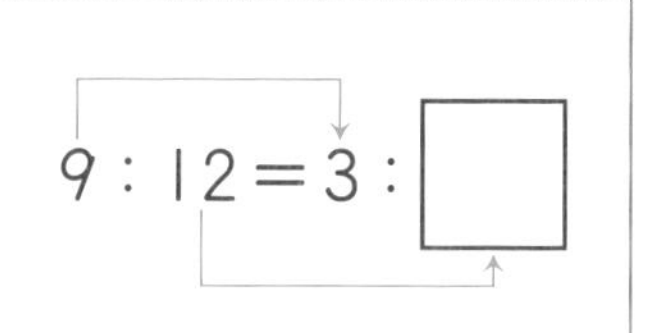

① 左の□の数を求めるには，比の後の数(12)をいくつでわればよいでしょうか。

（　　　）

② 左の□にあてはまる数を書きましょう。

〈比をかんたんにする〉

3 16：12 を，等しい比で，できるだけ小さい整数の比になおして，比をかんたんにします。次の問題に答えましょう。 〔1問全部できて 8点〕

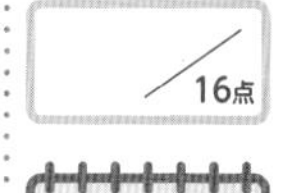

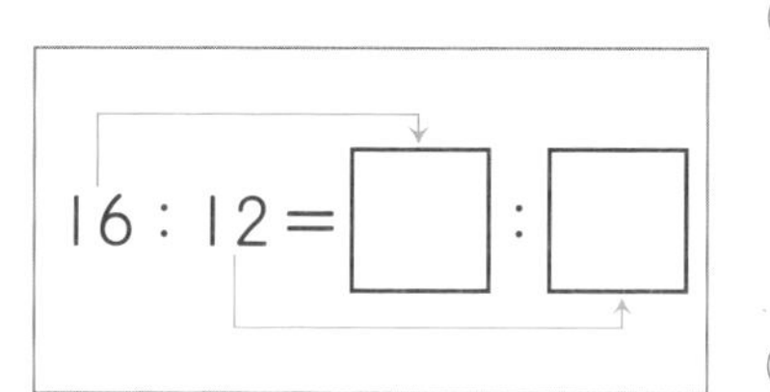

① 16：12 の比の前の数と後の数をいくつでわればよいでしょうか。

（　　　）

② 左の□にあてはまる数を書きましょう。

〈小数の比をかんたんにする〉

4 0.4：0.6の比をかんたんにします。次の問題に答えましょう。

24点

〔1問全部できて　8点〕

ぜんぶ できたら

数・量・図形 19ページ～

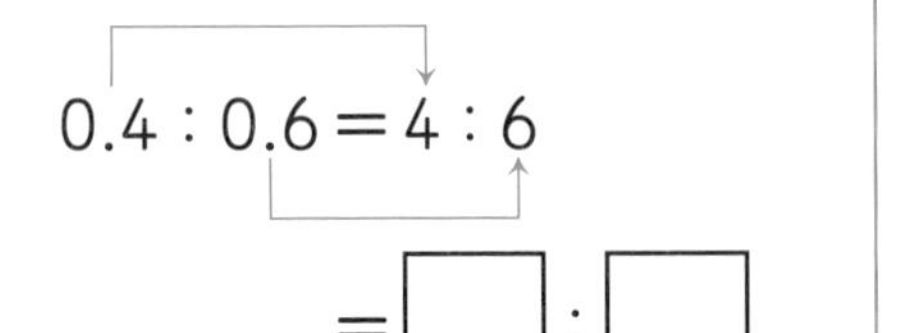

① まず，0.4：0.6を整数の比の，4：6になおします。比の前の数と後の数にいくつをかければよいでしょうか。

（　　　）

② 次に，4：6の比をかんたんにします。4と6をいくつでわればよいでしょうか。

（　　　）

③ 左の□にあてはまる数を書きましょう。

〈分数の比をかんたんにする〉

5 $\frac{1}{3}$：$\frac{1}{2}$の比をかんたんにします。次の問題に答えましょう。

32点

〔1問全部できて　8点〕

ぜんぶ できたら

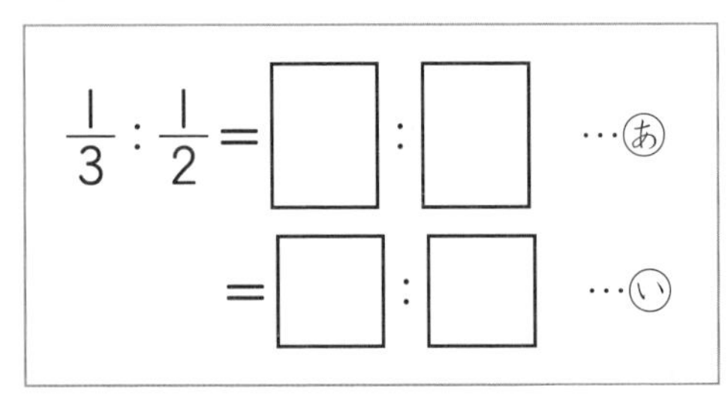

① まず，$\frac{1}{3}$：$\frac{1}{2}$を分母の等しい分数（できるだけ小さい整数の分母）の比になおします。分母をいくつにすればよいでしょうか。

（　　　）

② 左のあの□にあてはまる分数を書きましょう。

③ 次に，分数の比（あ）に同じ数をかけて，かんたんな整数の比になおします。いくつをかければよいでしょうか。

（　　　）

④ 左のいの□にあてはまる数を書きましょう。

17 完成テスト 比

完成目標時間 20分

●復習のめやす
基本テスト・関連ドリルなどでしっかり復習しよう！
0点 80点 合格 100点

合計得点 ／100点

関連ドリル
●数・量・図形 P.17〜22
●文章題 P.47〜50

1 次の比の値(あたい)を求めましょう。 〔1問 4点〕

① $3:8$ （　　　）
② $12:18$ （　　　）
③ $15:5$ （　　　）
④ $1.2:1.6$ （　　　）
⑤ $\frac{1}{3}:\frac{1}{4}$ （　　　）
⑥ $\frac{3}{4}:\frac{5}{8}$ （　　　）

2 次の〔　〕の中から，6：15と等しい比を全部見つけ，（　）に書きましょう。 〔全部できて 5点〕

〔 $2:5$　$3:5$　$12:28$　$12:30$ 〕 （　　　）

3 次の比をかんたんにしましょう。 〔1問 4点〕

① $8:12$ （　　　）
② $81:63$ （　　　）
③ $0.9:0.6$ （　　　）
④ $0.75:1.25$ （　　　）
⑤ $\frac{3}{5}:\frac{1}{2}$ （　　　）
⑥ $\frac{4}{9}:\frac{2}{3}$ （　　　）

4 次の x(エックス) にあてはまる数を求めましょう。 〔1問 4点〕

① $5:3=x:12$ （　　　）
② $27:18=x:2$ （　　　）

5　大きなたまごの重さは63gで，小さなたまごの重さは54gです。大きなたまごと小さなたまごの重さの比をかんたんな整数の比で求めましょう。　〔7点〕

(　　　　　)

6　ゆいさんたちは，たてと横の長さの比が３：４になるような長方形の旗をつくることにしました。横の長さを36cmにすると，たての長さは何cmにすればよいでしょうか。　〔8点〕

式

答え (　　　　　)

7　赤い色紙と青い色紙のまい数の比は５：６で，赤い色紙は40まいあります。青い色紙は何まいありますか。　〔8点〕

式

答え (　　　　　)

8　お父さんから，おこづかいを1000円もらいました。こうたさんと弟で３：２の比になるように分けます。こうたさんは何円もらえばよいでしょうか。　〔8点〕

式

答え (　　　　　)

9　1500円の科学の本を，たくみさんと弟は３：２の金額の比になるようにお金を出しあって買おうと思います。弟は何円出せばよいでしょうか。弟の出すお金をx（エックス）円として比に表し，答えを求めましょう。　〔8点〕

式

答え (　　　　　)

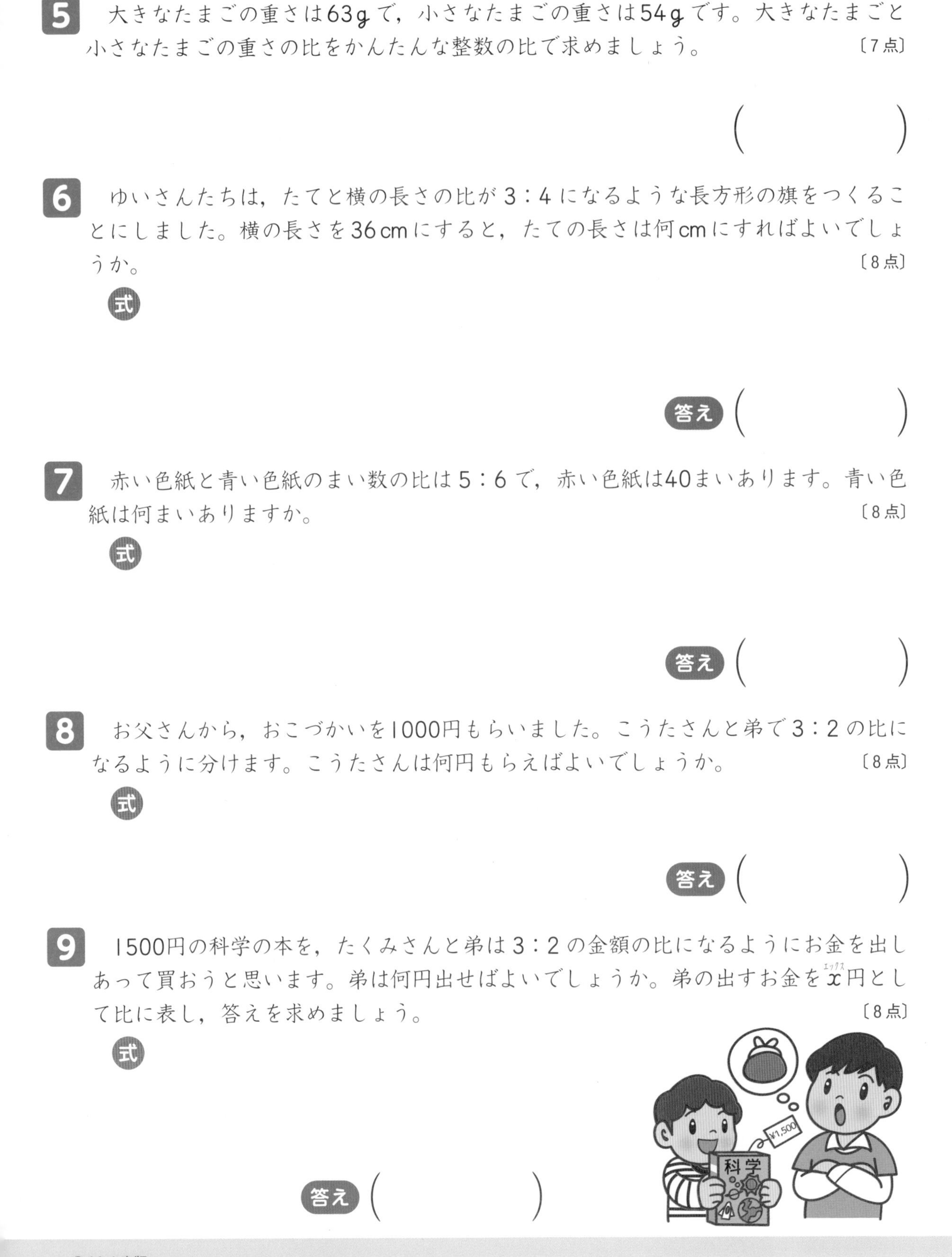

18 基本テスト① 拡大図と縮図

完成 目標時間 20分

基本の問題のチェックだよ。
できなかった問題は，しっかり学習してから
完成テストをやろう！

合計得点 ／100点

関連ドリル ●数・量・図形 P.33～38

〈拡大・縮小した図形〉

1 右のⓘの図形は，ⓐの図形の形を変えないで，それぞれの辺の長さを拡大したものです。次の問題に答えましょう。〔1問 5点〕

① ⓘの図形は，ⓐの図形の拡大図ですか，縮図ですか。（　　　）

② ⓐの図形は，ⓘの図形の拡大図ですか，縮図ですか。（　　　）

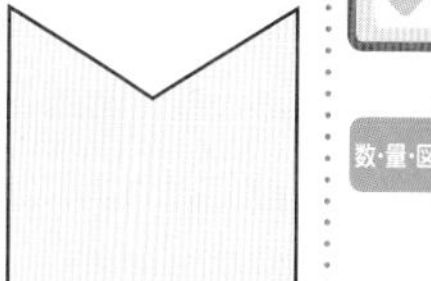

／10点

ぜんぶできたら

数・量・図形 33ページ～

〈拡大図と縮図の性質〉

2 右の三角形ABC（エービーシー）と三角形DEF（ディーイーエフ）は，縮図と拡大図の関係になっています。次の問題に答えましょう。〔1問全部できて 6点〕

① 辺AB，辺BC，辺CAに対応する辺を書きましょう。

辺AB（　　　）

辺BC（　　　）

辺CA（　　　）

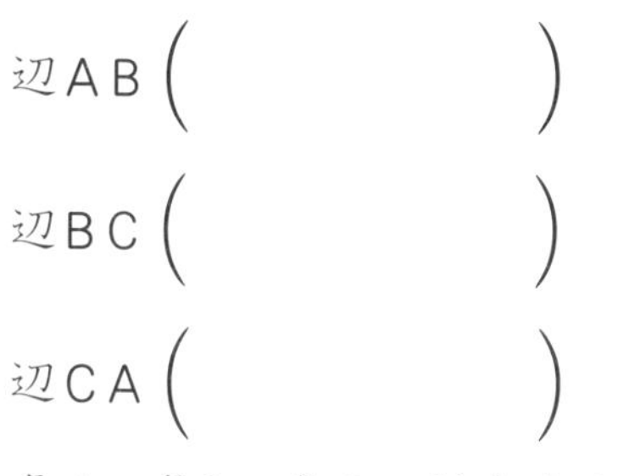

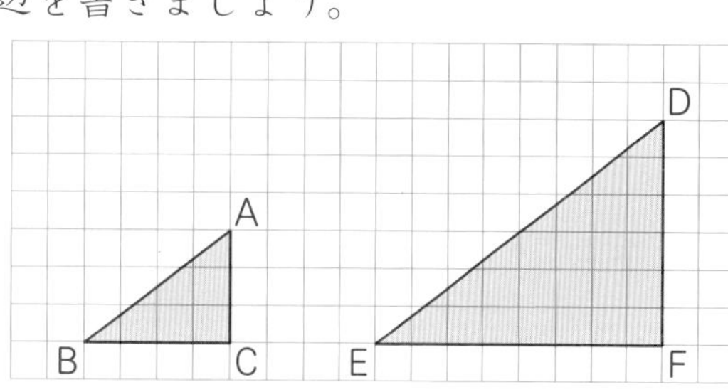

② 角A，角B，角Cに対応する角を書きましょう。

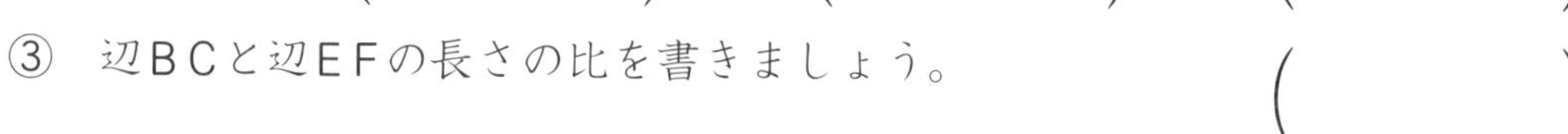

角A（　　　）　角B（　　　）　角C（　　　）

③ 辺BCと辺EFの長さの比を書きましょう。（　　　）

④ 三角形ABCと三角形DEFで，対応する辺の長さの比は，どれも等しくなっていますか。（　　　）

⑤ 三角形ABCと三角形DEFで，対応する角の大きさは，どれも等しくなっていますか。（　　　）

⑥ 三角形DEFは，三角形ABCの何倍の拡大図ですか。（　　　）

⑦ 三角形ABCは，三角形DEFの何分の一の縮図ですか。（　　　）

／42点

ぜんぶできたら

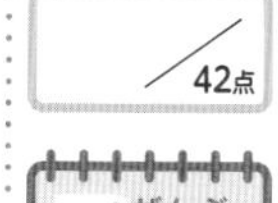

数・量・図形 33ページ～

〈拡大図・縮図のかき方〉

3 下の図の三角形ABCの2倍の拡大図と，$\frac{1}{2}$の縮図をかきます。次の問題に答えましょう。

〔1問全部できて　6点〕

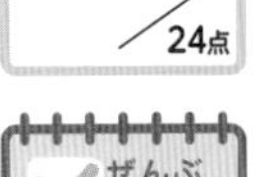

① 三角形ABCの2倍の拡大図をかくには，辺ABと辺BCに対応する辺の長さをそれぞれ何めもりにすればよいでしょうか。

辺AB（　　　　）辺BC（　　　　）

② 三角形ABCの2倍の拡大図を下にかきましょう。

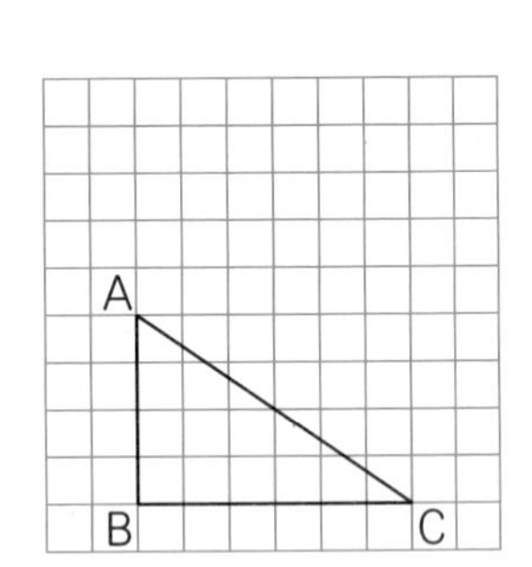

（拡大図）

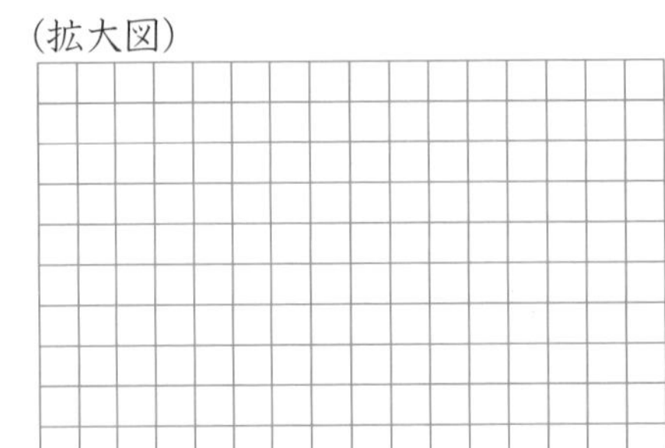

（縮図）

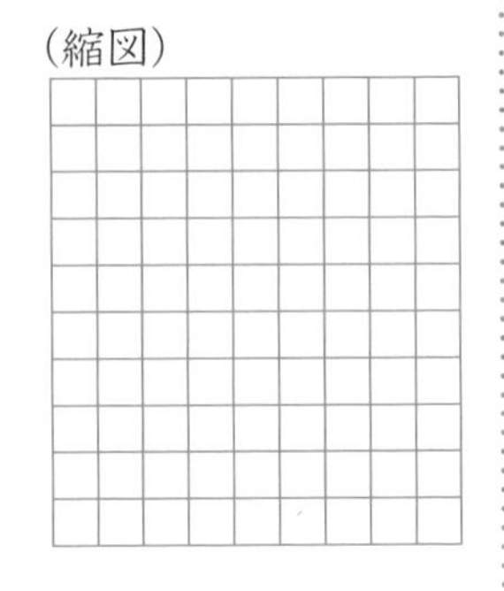

③ 三角形ABCの$\frac{1}{2}$の縮図をかくには，辺ABと辺BCに対応する辺の長さをそれぞれ何めもりにすればよいでしょうか。

辺AB（　　　　）辺BC（　　　　）

④ 三角形ABCの$\frac{1}{2}$の縮図を上にかきましょう。

〈拡大図のかき方〉

4 下の三角形ABCの2倍の拡大図をかきます。次の問題に答えましょう。

〔1問　6点〕

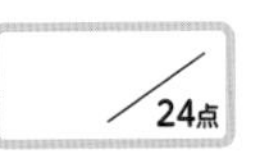

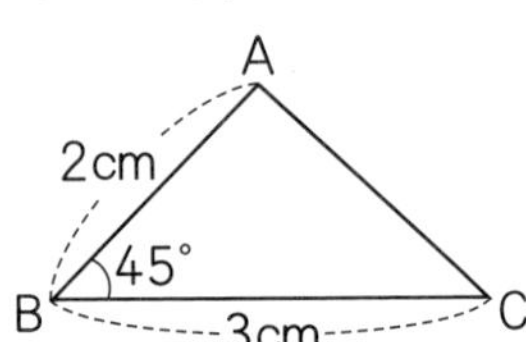

① 辺BCに対応する辺の長さを何cmにしますか。

（　　　　）

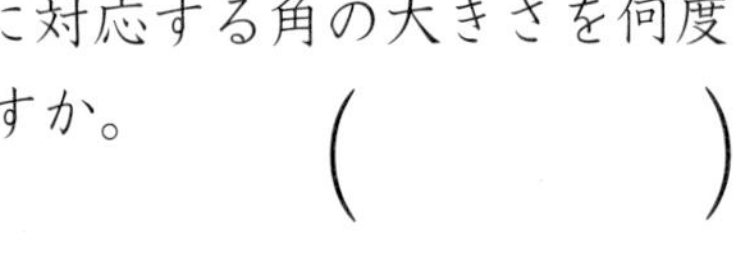

② 角Bに対応する角の大きさを何度にしますか。（　　　　）

③ 辺ABに対応する辺の長さを何cmにしますか。（　　　　）

④ ①～③のようにして，三角形ABCの2倍の拡大図を右にかきましょう。

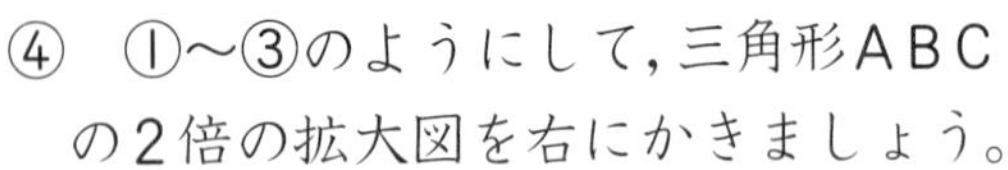

19 基本テスト(2) 拡大図と縮図

完成 目標時間 20分

基本の問題のチェックだよ。
できなかった問題は，しっかり学習してから完成テストをやろう！

合計得点 ／100点

関連ドリル ●数・量・図形 P.37〜40 ●文章題 P.59〜62

〈縮図のかき方〉

1 下の三角形ABCの$\frac{1}{2}$の縮図をかきます。次の問題に答えましょう。 ／18点

〔1問全部できて　6点〕

① 辺BCに対応する辺の長さを何cmにしますか。 (　　　)

② 角B，角Cに対応する角の大きさをそれぞれ何度にしますか。

角B (　　　)　角C (　　　)

③ 三角形ABCの$\frac{1}{2}$の縮図をかきましょう。

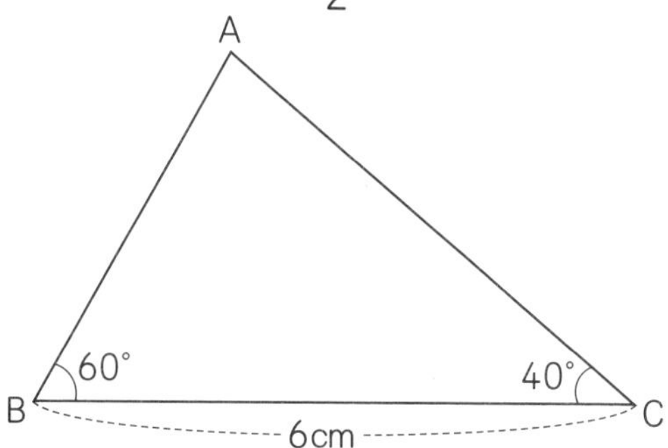

〈1点をもとにした拡大図のかき方〉

2 右の図で，三角形ABCを2倍に拡大した三角形EBDをかきます。 ／14点

〔1問　7点〕

① 点Dは，BCをのばした直線上にあります。BDの長さは，BCの長さの何倍ですか。 (　　　)

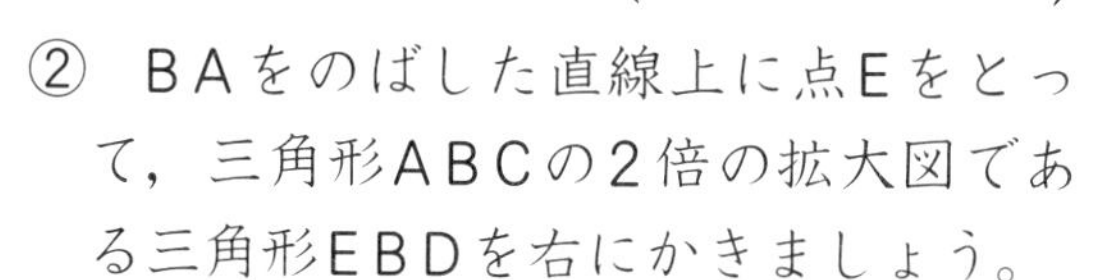

② BAをのばした直線上に点Eをとって，三角形ABCの2倍の拡大図である三角形EBDを右にかきましょう。

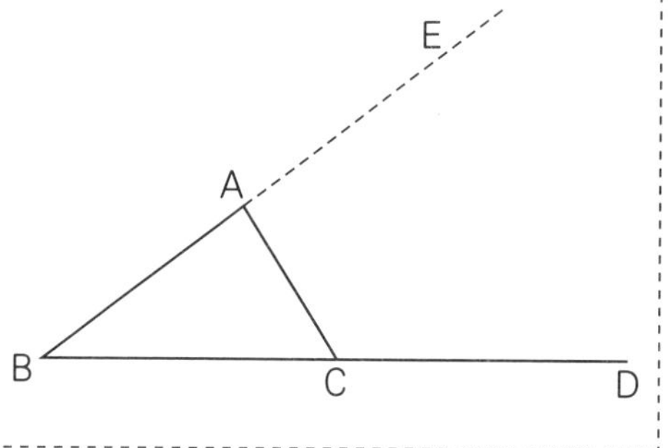

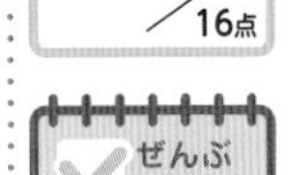

〈1点をもとにした縮図のかき方〉

3 右の図で，三角形ABCを$\frac{1}{2}$に縮小した三角形ADEをかきます。〔1問　8点〕

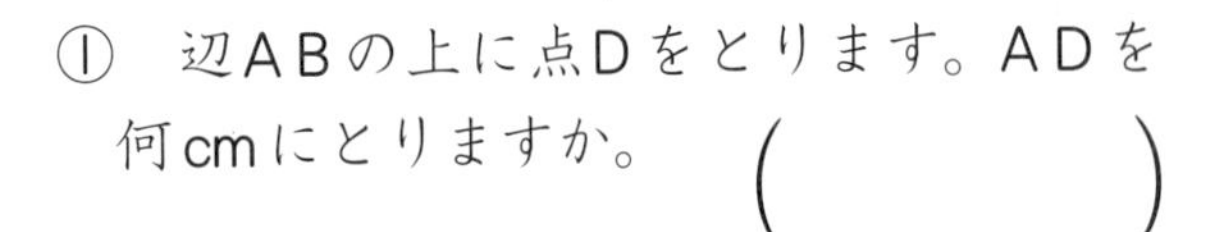

① 辺ABの上に点Dをとります。ADを何cmにとりますか。（　　　）

② 辺ACの上に点Eをとって，三角形ABCの$\frac{1}{2}$の縮図である三角形ADEをかきましょう。

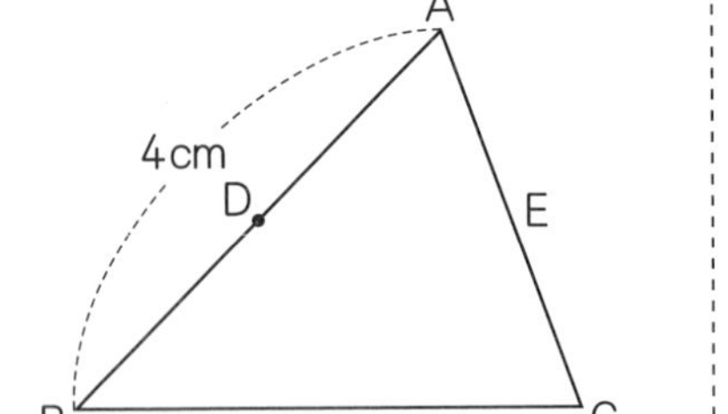

〈縮尺〉

4 ある地図で，1kmの長さを5cmで表してありました。〔1問　7点〕

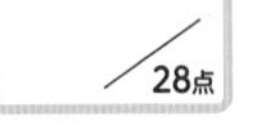

① 1kmは何cmですか。（　　　）

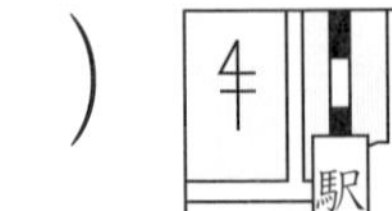

② 5cmは1kmの何分の一ですか。（　　　）

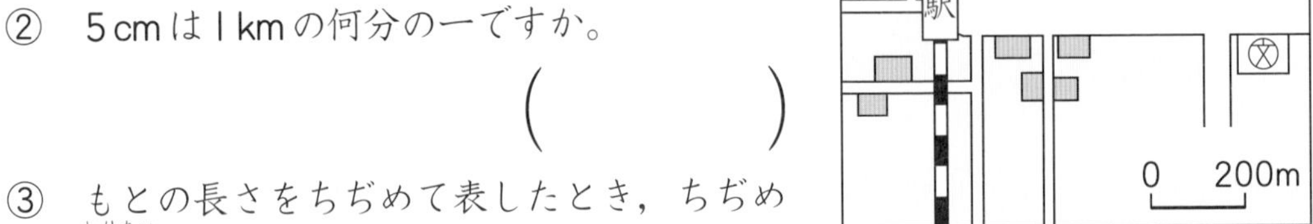

③ もとの長さをちぢめて表したとき，ちぢめた割合を何といいますか。（　　　）

④ 1kmを5cmにちぢめた割合を，比の形で表しましょう。（　　　）

〈縮図から実際の長さを求める〉

5 下の図のような池のはばを，$\frac{1}{200}$の縮図をかいて求めます。〔1問　8点〕

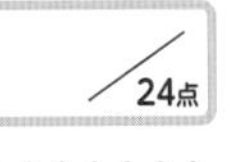

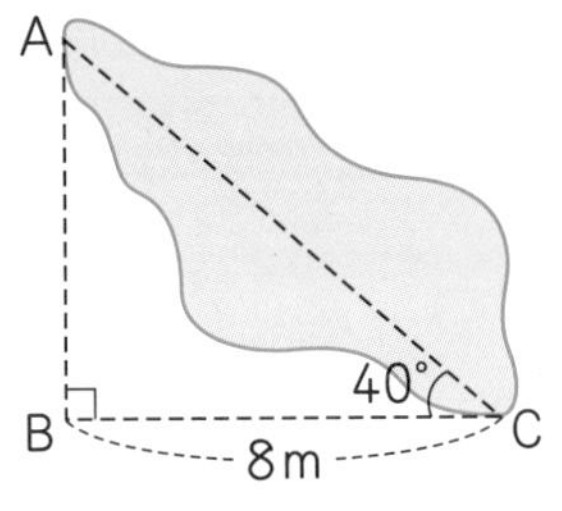

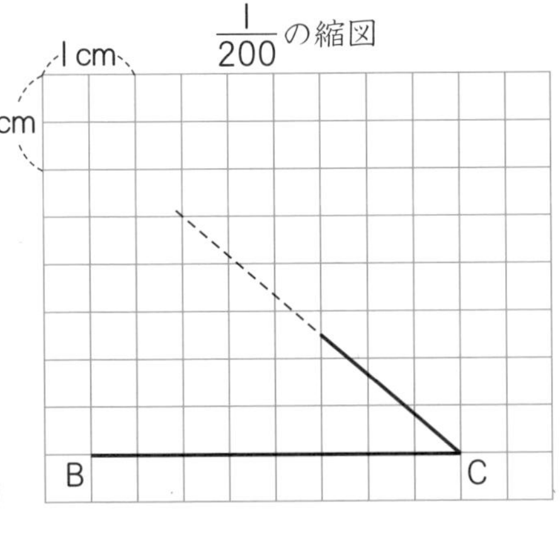

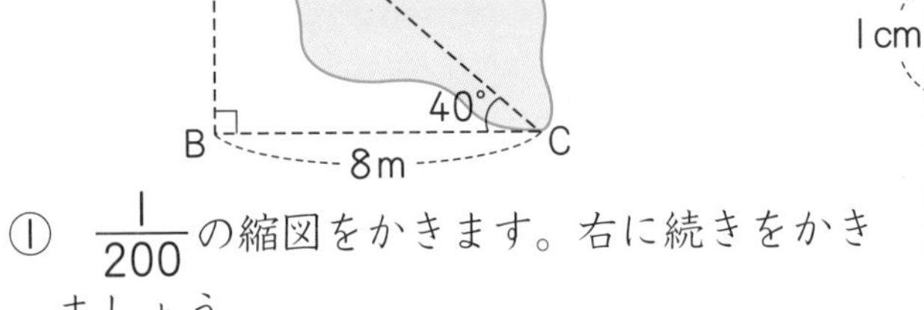

① $\frac{1}{200}$の縮図をかきます。右に続きをかきましょう。

② 縮図のACの長さは約何cmですか。（　　　）

③ ACの実際の長さは約何mですか。

式

答え（　　　）

20 完成テスト 拡大図と縮図

完成 目標時間 20分

復習のめやす
基本テスト・関連ドリルなどでしっかり復習しよう！
0点 80点 100点

合計得点 /100点

関連ドリル
●数・量・図形 P.33〜40
●文章題 P.59〜62

1 下の図を見て，次の問題に答えましょう。〔1問 8点〕

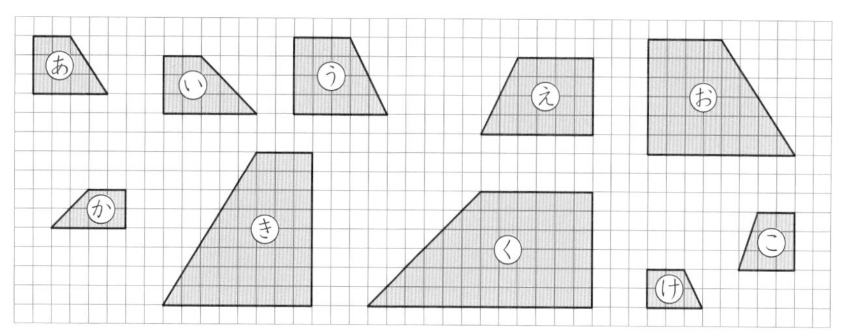

① ㋐の2倍の拡大図は，どれですか。記号で答えましょう。

（　　　　）

② ㋗の$\frac{1}{3}$の縮図は，どれですか。記号で答えましょう。

（　　　　）

2 三角形DEFは，三角形ABCの拡大図です。次の問題に答えましょう。〔1問 8点〕

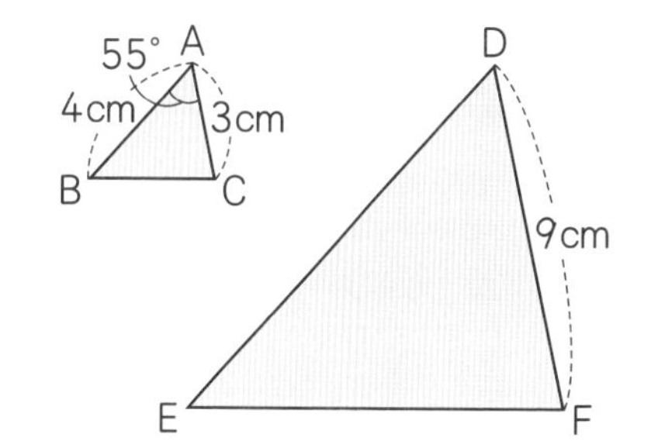

① 三角形DEFは，三角形ABCの何倍の拡大図ですか。

（　　　　）

② 辺DEの長さは何cmですか。

（　　　　）

③ 角Dの大きさは何度ですか。

（　　　　）

3 五角形FGCHIは，五角形ABCDEの縮図です。次の問題に答えましょう。〔1問 8点〕

① 五角形FGCHIは，五角形ABCDEの何分の一の縮図ですか。

（　　　　）

② 辺HIの長さは何cmですか。

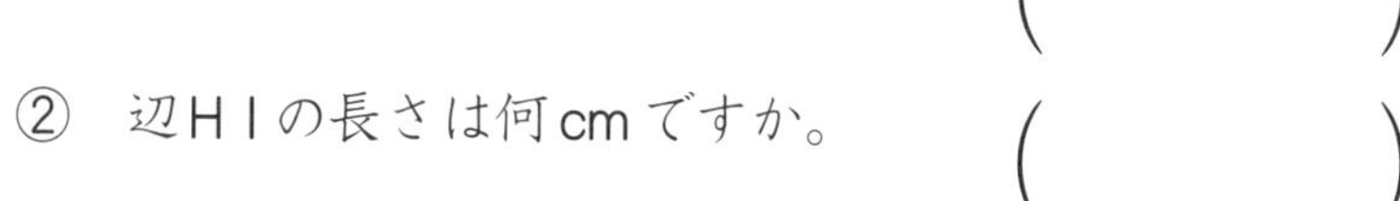

（　　　　）

③ 角Fの大きさは何度ですか。

（　　　　）

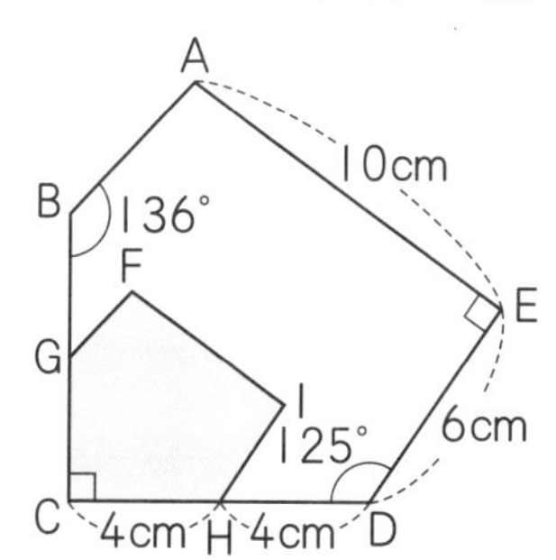

4 下の三角形ＡＢＣの$\frac{1}{2}$の縮図をかきましょう。〔8点〕

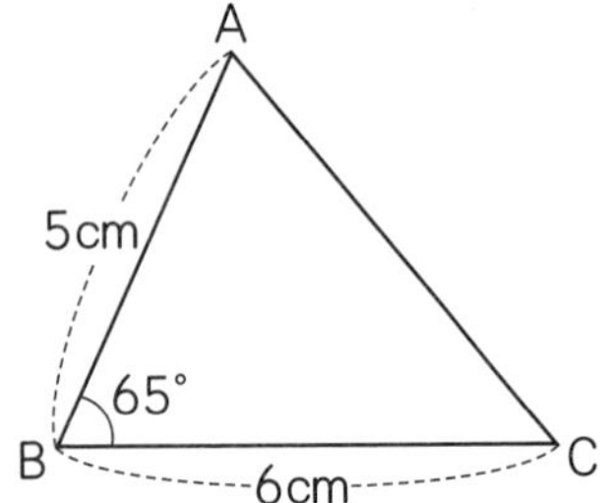

5 右の四角形ＡＢＣＤの２倍の拡大図を，点Ｂをもとにしてかきましょう。（たとえば，辺ＢＡをＡのほうにのばしてかきましょう。）〔10点〕

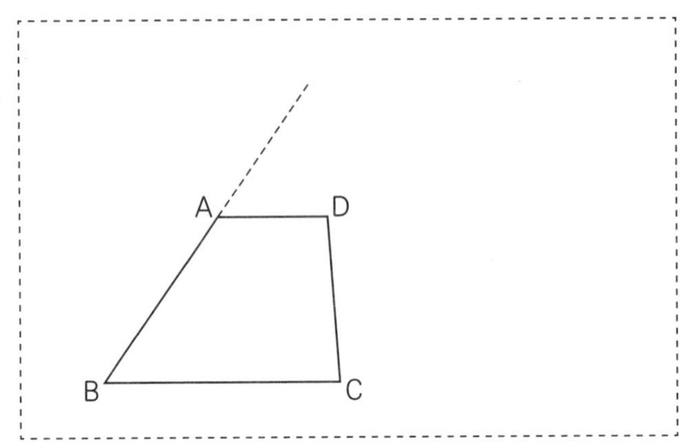

6 川北駅と南山駅は，縮尺$\frac{1}{50000}$の地図の上で6.4cmはなれていました。実際には何kmはなれていますか。〔8点〕

答え（　　　　）

7 下の図のような川はばＡＢの長さを，$\frac{1}{500}$の縮図をかいて求めましょう。〔10点〕

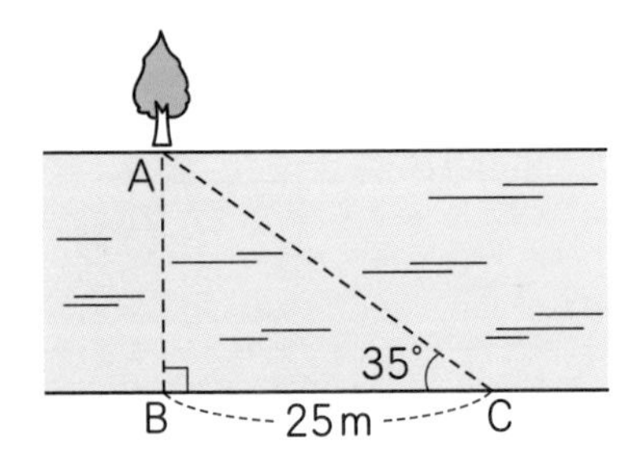

答え（　　　　）

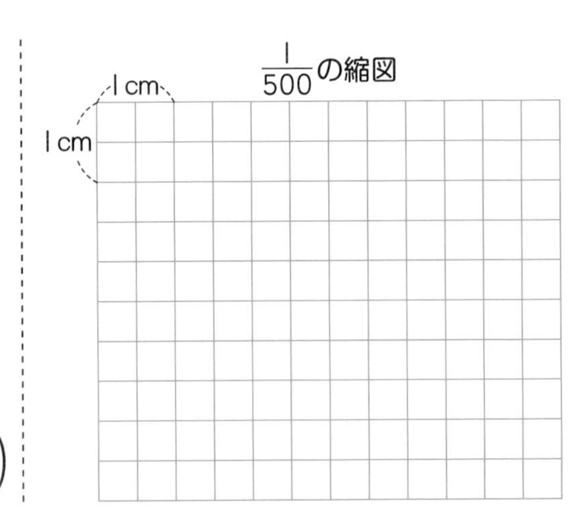

21 基本テスト 比 例

完成目標時間 20分

基本の問題のチェックだよ。
できなかった問題は，しっかり学習してから
完成テストをやろう！

合計得点 ／100点

関連ドリル ●数・量・図形 P.41～48

〈比例の意味〉

1 下の表は，水そうに水を入れるときの，入れる時間とたまる水の量を表したものです。次の問題に答えましょう。 〔1問全部できて 6点〕

／18点　ぜんぶできたら

数・量・図形 41・42ページ

（1→2：2倍，1→3：3倍）

時　間(分)	1	2	3	4	5	6	
水の量(L)	2	4	6	8	10	12	

（2→4：ア倍，2→6：イ倍）

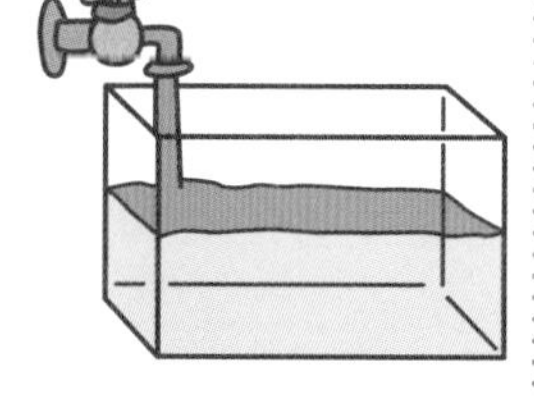
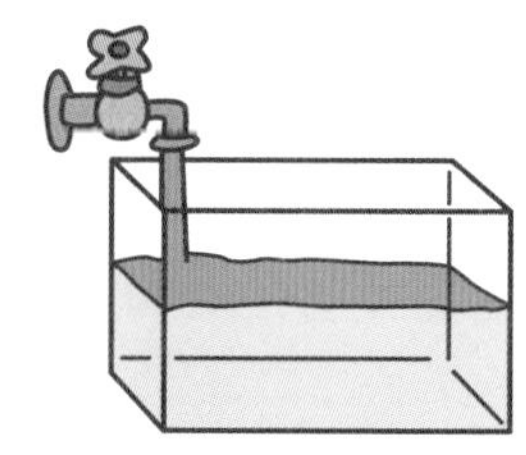

① 水を入れる時間が1分から2分，1分から3分と2倍，3倍になると，水の量はどうなりますか。上の表のア，イにあてはまる数を求めましょう。

ア（　　）　イ（　　）

② 水を入れる時間が2分から4分，2分から6分と2倍，3倍になると，水の量はそれぞれ何倍になりますか。

2分から4分のとき（　　）　2分から6分のとき（　　）

③ 水の量は時間に比例しますか，比例しませんか。（　　）

〈比例の性質〉

2 からの水そうに水を入れるときの時間と水の深さは比例しています。下の表を見て，問題に答えましょう。 〔1問 7点〕

／28点　ぜんぶできたら

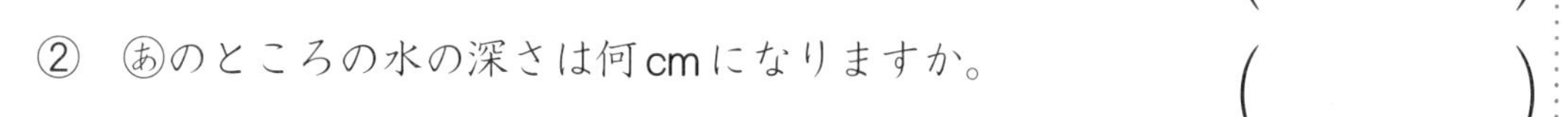

（Ⓐ：6→3，Ⓑ：6→9）

時　間(分)	1	2	3	4	5	6	7	8	9	
水の深さ(cm)			あ			18			い	

① Ⓐのところでは，時間の変わり方は何分のいくつですか。（　　）

② あのところの水の深さは何cmになりますか。（　　）

③ Ⓑのところでは，時間の変わり方は何倍ですか。（　　）

④ いのところの水の深さは何cmになりますか。（　　）

〈比例の式〉

3 下の表は，水そうに水を入れたときの時間 x（エックス）分と水の量 y（ワイ）Lが比例する関係を表しています。次の問題に答えましょう。 〔①1つ　2点，②・③1問　7点〕

/22点

ぜんぶ できたら

時　間 x（分）	3	4	5	6
水の量 y（L）	6	8	10	12

① 水の量 y の値（あたい）が次のとき，y の値をそれに対応する x の値でわった商はそれぞれいくつになりますか。

㋐6（　　　）　㋑8（　　　）　㋒10（　　　）　㋓12（　　　）

② y の値は，それに対応する x の値のいつも何倍になっていますか。

（　　　　）

③ x と y の関係を表す式をつくります。
右の式の□にあてはまる数を書きましょう。

y ＝ □ × x

〈比例のグラフ〉

4 下の表は，水そうに水を入れる時間 x 分に，水の深さ y cmが比例する関係を表しています。次の問題に答えましょう。 〔1問　8点〕

/32点

ぜんぶ できたら

時　　間 x（分）	0	1	2	3	4	5	6
水の深さ y（cm）	0	3	6	9	12	15	18

① 時間 x 分と水の深さ y cmの関係を式に表します。□にあてはまる数を書きましょう。

y ＝ □ × x

② 上の表をグラフにかきます。右に続きをかきましょう。

③ グラフは，折れ線になりますか，直線になりますか。

（　　　　）

④ グラフはたて軸（じく）と横軸の交わる0の点を通りますか，通りませんか。

（　　　　）

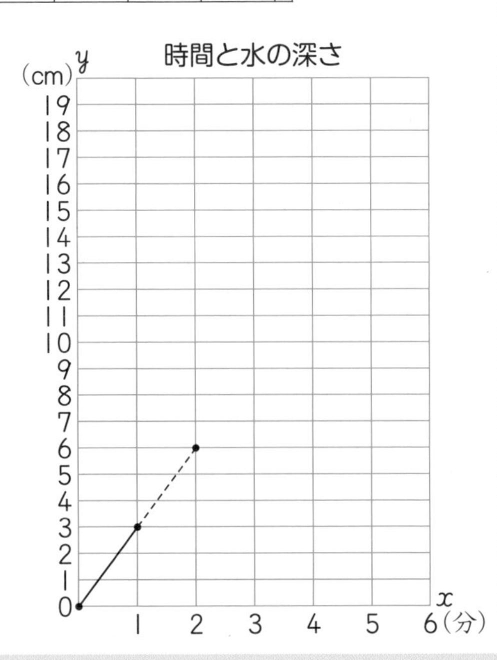

22 完成テスト 比　例

完成 目標時間 20分

●復習のめやす
基本テスト・関連ドリルなどでしっかり復習しよう！
0点　合格 80点　100点

合計得点　／100点

関連ドリル
●数・量・図形 P.41〜48
●文章題 P.51〜54

1 次のうち，ともなって変わる２つの量が比例するのはどれですか。全部選んで，記号を（　）に書きましょう。〔全部できて　15点〕

㋐ １mが240円の布を買うときの布の長さとその代金
㋑ 1000円で買い物をしたときの代金とおつり
㋒ ある人の年れいと体重
㋓ 正方形の１辺の長さとまわりの長さ
㋔ 時速60kmで走る電車の走った時間と道のり

（　　　　）

2 下の表は，直方体の水そうに水を入れるときの，入れる時間とたまる水の深さの関係を調べたものです。次の問題に答えましょう。〔１問全部できて　５点〕

時　間（分）	1	2	3	4	5	6	7
水の深さ（cm）	4	8	12	あ	20	い	う

① 水の深さは時間に比例しますか，比例しませんか。（　　　　）

② 上の表のあ〜うに，あてはまる数を書きましょう。

③ 時間をx（エックス）分，水の深さをy（ワイ）cmとして，xとyの関係を式に表しましょう。

（　　　　）

3 次のそれぞれの場合に，xとyの関係を式に表しましょう。〔１問　８点〕

① １m150円のテープを買うときのテープの長さxmと代金y円の関係

（　　　　）

② 時速40kmで走る自動車の走る時間x時間と進む道のり$y$kmの関係

（　　　　）

③ 正三角形の１辺の長さ$x$cmとまわりの長さ$y$cmの関係

（　　　　）

4

１mあたりの重さが0.2kgの鉄のぼうがあります。この鉄のぼうの長さをx（エックス）m，そのときの重さをy（ワイ）kgとして，次の問題に答えましょう。〔① 7点，② 10点〕

① xとyの関係を表す式を書きましょう。

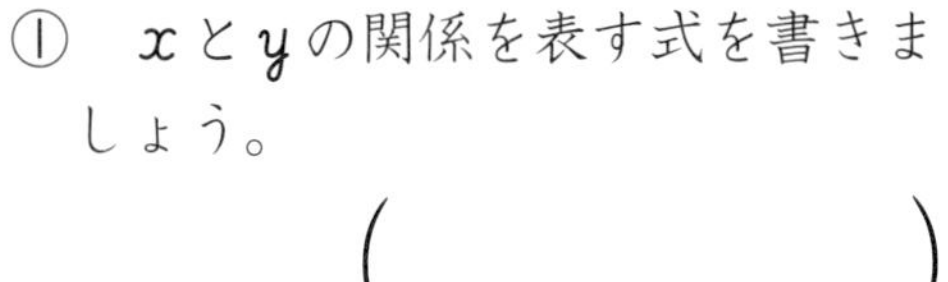

② xとyの関係を表すグラフを，右にかきましょう。

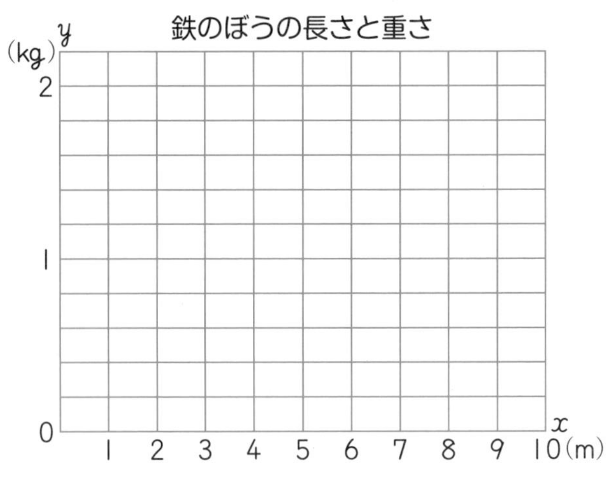

5

右のグラフは，リボンを買うときの長さxmと，代金y円の関係を表しています。〔１問 7点〕

① $y \div x$の値（あたい）はいくつになりますか。

（　　　　）

② xとyの関係を式に表しましょう。

（　　　　）

③ このリボン15mの代金は何円ですか。

式

答え（　　　　）

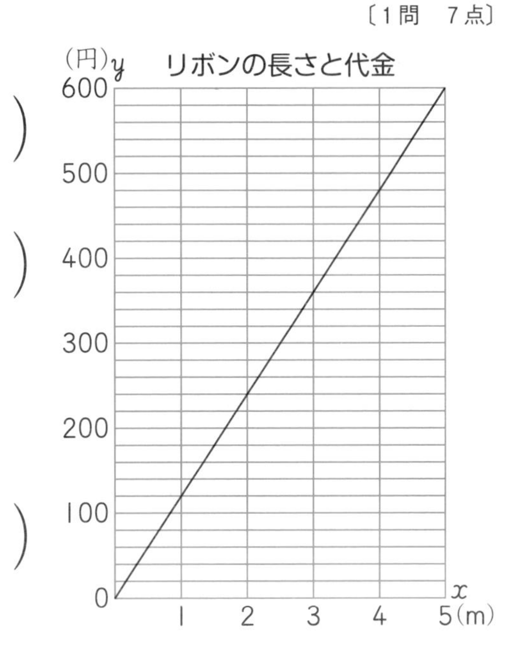

6

お茶120gの代金は750円です。このお茶を600g買うと，代金は何円になりますか。〔8点〕

式

答え（　　　　）

23 基本テスト 反比例

完成目標時間 20分

基本の問題のチェックだよ。
できなかった問題は，しっかり学習してから
完成テストをやろう！

合計得点 ／100点

関連ドリル ●数・量・図形 P.49～54

〈反比例の意味〉

1 面積が12m²の長方形の形をした花だんをつくるとき，たての長さと横の長さの関係を調べて下の表をつくりました。次の問題に答えましょう。

〔1問全部できて　8点〕

／24点

たての長さ(m)	1	2	3	4	5	6
横の長さ(m)	12	6	4	3	2.4	2

（2倍，3倍／ア，イ）

1m 12m　2m 6m

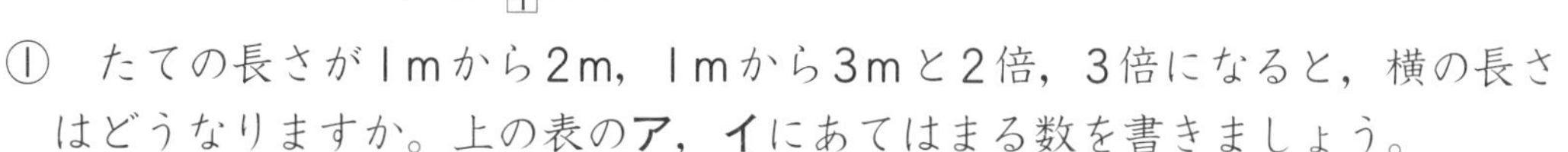

① たての長さが1mから2m，1mから3mと2倍，3倍になると，横の長さはどうなりますか。上の表のア，イにあてはまる数を書きましょう。

ア（　　　）イ（　　　）

② たての長さが2mから4m，2mから6mと2倍，3倍になると，横の長さはそれぞれ何分の一になりますか。

2mから4mのとき（　　　）2mから6mのとき（　　　）

③ 横の長さはたての長さに比例しますか，反比例しますか。（　　　）

〈反比例の性質〉

2 面積が24cm²の長方形のたての長さと横の長さは反比例します。下の表を見て，問題に答えましょう。

〔1問　8点〕

／32点

たての長さ(cm)	1	2	3	4	5	6	7
横の長さ(cm)		㋑	㋐			4	

（Ⓐ：6→3，Ⓑ：6→2）

① Ⓐのところでは，たての長さの変わり方は何分のいくつですか。（　　　）

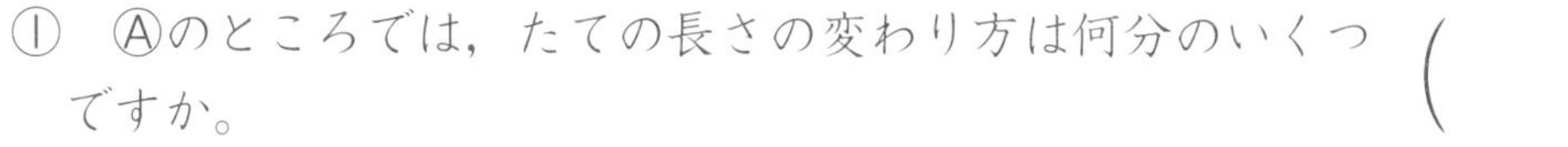

② ㋐のところの横の長さは何cmになりますか。（　　　）

③ Ⓑのところでは，たての長さの変わり方は何分のいくつですか。（　　　）

④ ㋑のところの横の長さは何cmになりますか。（　　　）

3

〈反比例の式〉

下の表は，面積が $12\,m^2$ の長方形の形をした花だんをつくるときの，たての長さ x m と，横の長さ y m が反比例する関係を表しています。次の問題に答えましょう。
〔①1つ　2点，②・③1問　8点〕

／24点

数・量・図形 51・52ページ

たての長さ x(m)	1	2	3	4	5	6	
横の長さ y(m)	12	6	4	3	2.4	2	

① たての長さ x の値が次のとき，x の値とそれに対応する y の値の積はいくつになりますか。

Ⓐ1（　　）　Ⓘ2（　　）　Ⓤ3（　　）　Ⓔ4（　　）

② x の値と y の値の積は，いつもいくつになっていますか。（　　）

③ x と y の関係を表す次の式の□にあてはまる数を書きましょう。

$$x \times y = \square \longrightarrow y = \square \div x$$

4

〈反比例のグラフ〉

下の表は，面積が $24\,cm^2$ の長方形のたての長さ x cm と横の長さ y cm が反比例する関係を表しています。次の問題に答えましょう。
〔1問　10点〕

／20点

たての長さ x(cm)	1	2	3	4	5	6	8	10	12	15	16	20	24
横の長さ y(cm)	24	12	8	6	4.8	4	3	2.4	2	1.6	1.5	1.2	1

① たての長さ x cm と横の長さ y cm の関係を式に表します。□にあてはまる数を書きましょう。

$$y = \square \div x$$

② 上の表をグラフにかきます。右に続きをかきましょう。

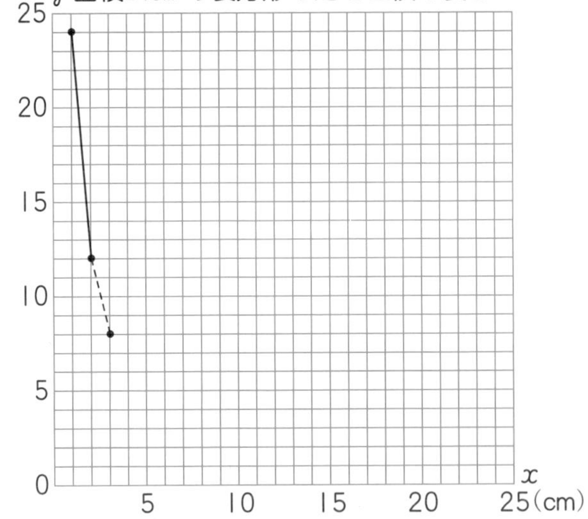

24 完成テスト 完成 目標時間 20分

反比例

復習のめやす 基本テスト・関連ドリルなどでしっかり復習しよう！ 0点 合格 80点 100点

合計得点 /100点

関連ドリル ●数・量・図形 P.49～54 ●文章題 P.55～58

1 次のうち，ともなって変わる2つの量が反比例するのはどれですか。全部選んで，記号を(　)に書きましょう。 〔全部できて　15点〕

㋐ 18dLの牛にゅうをコップに等分するときのコップの数と1つ分の量

㋑ 2kmを歩くときの歩いた道のりと残りの道のり

㋒ 面積36cm²の長方形のたての長さと横の長さ

㋓ 2000mの道のりを自転車で走るときの速さとかかる時間

㋔ 1日の昼の長さと夜の長さ

(　　　)

2 下の表は，12Lの水そうをいっぱいにするときの，1分間に入れる水の量とかかる時間の関係を調べたものです。次の問題に答えましょう。 〔1問全部できて　5点〕

1分間に入れる水の量(L)	1	2	3	4	5	6	7
かかる時間(分)	12	6	㋐	㋑	㋒	㋓	$\frac{12}{7}$

① かかる時間は，1分間に入れる水の量に反比例しますか。 (　　　)

② 上の表のあ～えに，あてはまる数を書きましょう。

③ 1分間に入れる水の量をx(エックス)L，かかる時間をy(ワイ)分として，xとyの関係を式に表しましょう。 (　　　)

3 次のそれぞれの場合に，xとyの関係を式に表しましょう。 〔1問　8点〕

① 200kmの道のりを走る自動車の，時速$x$kmとかかる時間y時間の関係 (　　　)

② 面積15cm²の三角形の底辺$x$cmと高さ$y$cmの関係 (　　　)

③ 90cmのはり金をあまりがないように何本か同じ長さに切るときの，本数x本と1本分の長さ$y$cmの関係 (　　　)

4 次のそれぞれの場合に，x（エックス）とy（ワイ）が比例しているものには○，反比例しているものには△を書き，xとyの関係を式に表しましょう。比例も反比例もしていないものには×を書きましょう。

〔1問　8点〕

①

x	1	2	3	4	5	6
y	18	9	6	4.5	3.6	3

(　　　　　　　　)

②

x	1	2	3	4	5	6
y	15	14	13	12	11	10

(　　　　　　　　)

③

x	1	2	3	4	5	6
y	1.5	3	4.5	6	7.5	9

(　　　　　　　　)

5 ある機械を6台使うと，ちょうど20日間で終わる仕事があります。この仕事をするのに，同じ機械を8台使うと何日間で仕上がりますか。

〔8点〕

式

答え (　　　　　)

6 時速60kmで$\frac{3}{4}$時間かかる道のりを，時速90kmで行くと何時間かかりますか。

〔8点〕

7 底辺が8cm，高さが12cmの平行四辺形があります。面積を変えないで，底辺を6cmにすると，高さは何cmになりますか。

〔6点〕

25 基本テスト 円の面積

完成 目標時間 20分

基本の問題のチェックだよ。
できなかった問題は，しっかり学習してから
完成テストをやろう！

合計得点 ／100点

関連ドリル ●数・量・図形 P.9～12

〈円の面積の求め方〉

1 右の図の円について，次の問題に答えましょう。〔1問全部できて　6点〕

／12点　ぜんぶできたら　数・量・図形 9・10ページ

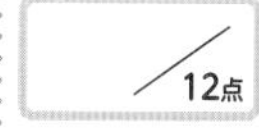

① 右の円の面積を求める次の式の□にあてはまる数を書きましょう。

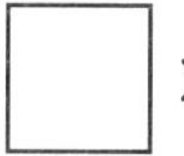

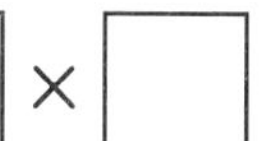

□ × □ ×3.14＝ □

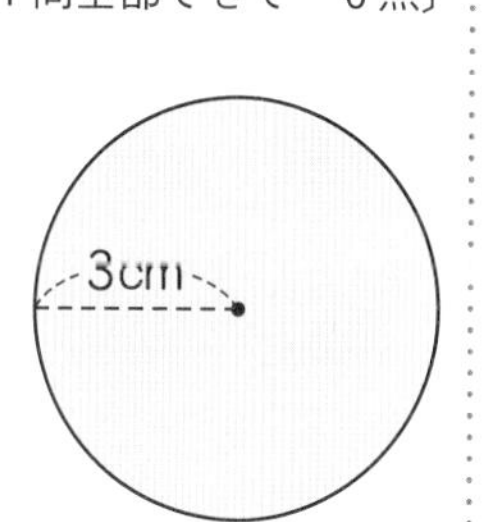

② 右の円の面積は何 cm^2 ですか。

（　　　　）

〈半円の面積〉

2 右の図は円の半分を表しています。次の問題に答えましょう。

〔1問全部できて　7点〕

／14点　ぜんぶできたら　数・量・図形 9・10ページ

① 右の図の面積は，半径4cmの円の面積の何分のいくつですか。

（　　　　）

② 次の□にあてはまる数を書き，右の図の面積を求めましょう。

式 □ × □ ×3.14÷ □ ＝ □　答え（　　　　）

〈$\frac{1}{4}$の円の面積〉

3 右の図は円の$\frac{1}{4}$を表しています。次の問題に答えましょう。

〔1問全部できて　7点〕

／14点　ぜんぶできたら　数・量・図形 9・10ページ

① 右の図の面積は，半径4cmの円の面積の何分のいくつですか。

（　　　　）

② 次の□にあてはまる数を書き，右の図の面積を求めましょう。

式 □ × □ ×3.14÷ □ ＝ □　答え（　　　　）

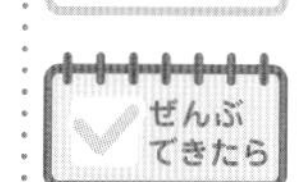

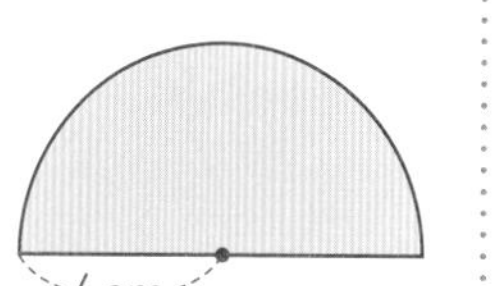

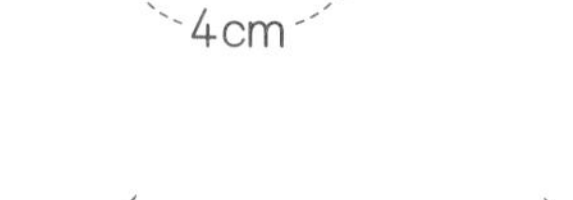

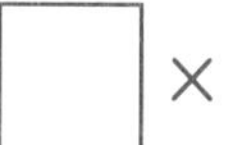

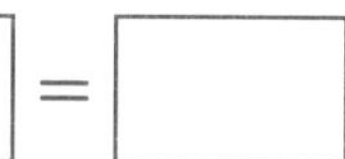

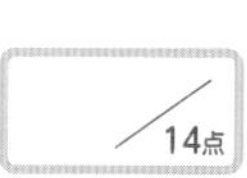

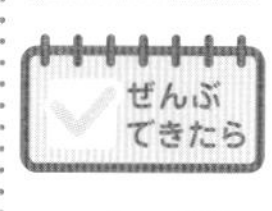

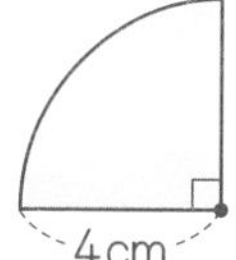

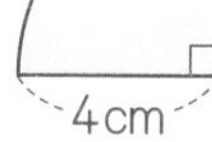

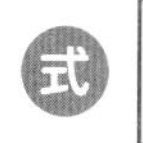

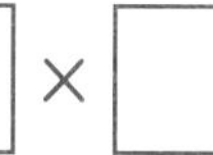

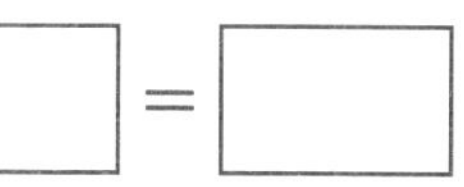

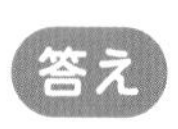

〈いろいろな形の面積〉

4 次の図の□の部分の面積を求めます。次の問題に答えましょう。

〔1問　10点〕

/30点

ぜんぶできたら

数・量・図形 11・12ページ

ア
イ
3cm
4cm
ウ

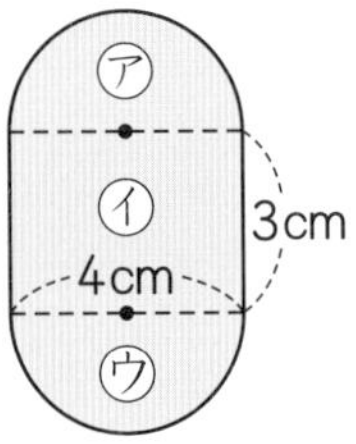

① ㋐の半円と㋒の半円をあわせた面積は何 cm^2 ですか。

式

答え（　　　　）

② ㋑の長方形の面積は何 cm^2 ですか。

式

答え（　　　　）

③ 図の□の部分の面積は何 cm^2 ですか。

式

答え（　　　　）

〈いろいろな形の面積〉

5 次の図の□の部分の面積を求めます。次の問題に答えましょう。

〔1問　10点〕

/30点

ぜんぶできたら

数・量・図形 11・12ページ

6cm
6cm

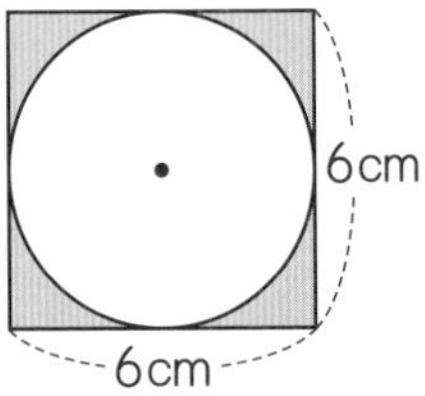

① 図の正方形の部分の面積は何 cm^2 ですか。

式

答え（　　　　）

② 図の円の部分の面積は何 cm^2 ですか。

式

答え（　　　　）

③ 図の□の部分の面積は何 cm^2 ですか。

式

答え（　　　　）

26 完成テスト

完成目標時間 20分

円の面積

1 次のような円の面積は何cm²ですか。 〔1問 8点〕

① 半径5cmの円

式

答え（　　　）

② 直径14cmの円

式

答え（　　　）

2 次のような図の面積は何cm²ですか。 〔1問 8点〕

①

3cm

式

答え（　　　）

②

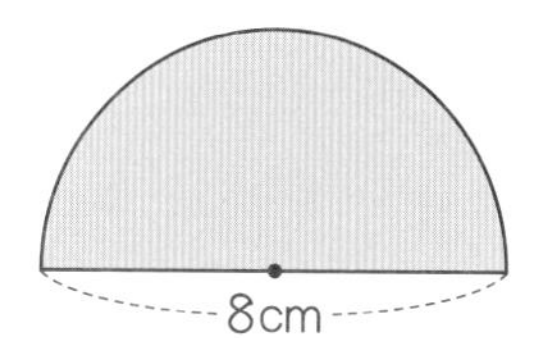

式

答え（　　　）

3 次のような図の面積は何cm²ですか。 〔1問 8点〕

①

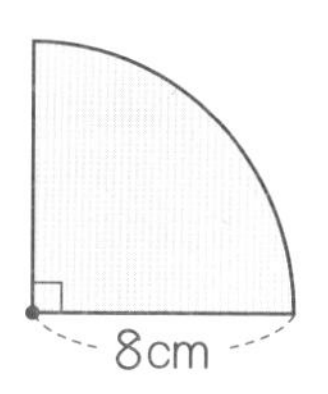

式

答え（　　　）

②

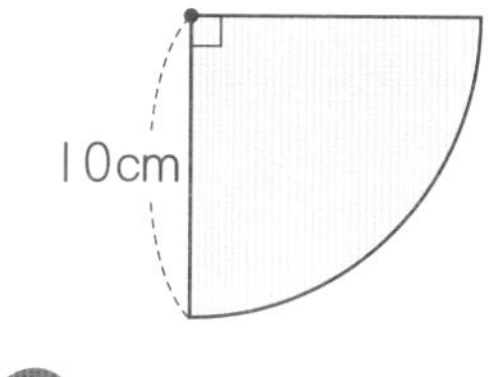

式

答え（　　　）

4 次のような図の□の部分の面積は何cm²ですか。〔1問　10点〕

①

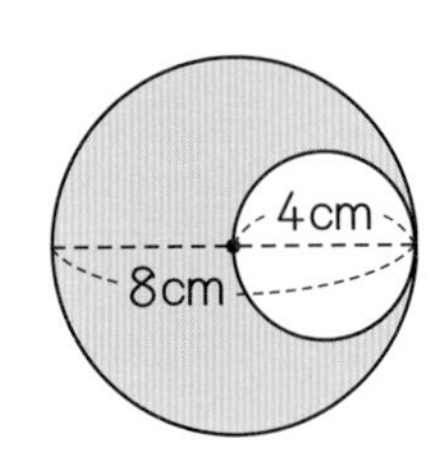

式

答え（　　　　）

②

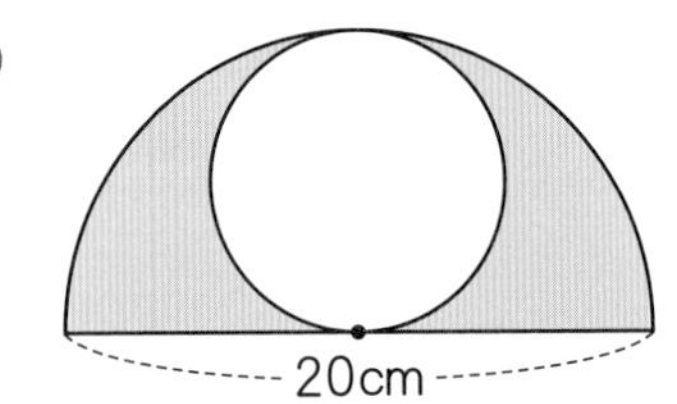

式

答え（　　　　）

③

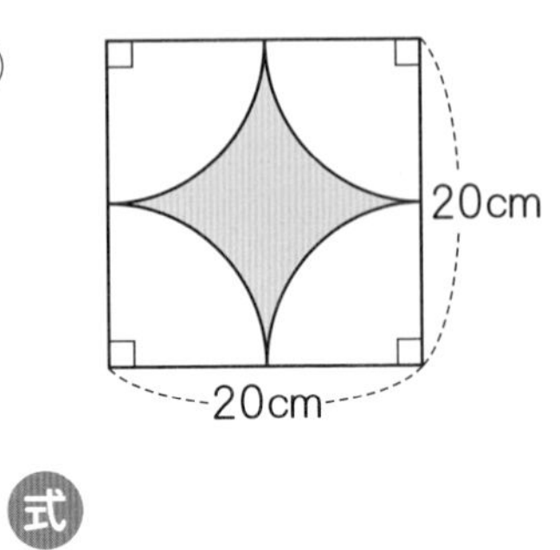

式

答え（　　　　）

④

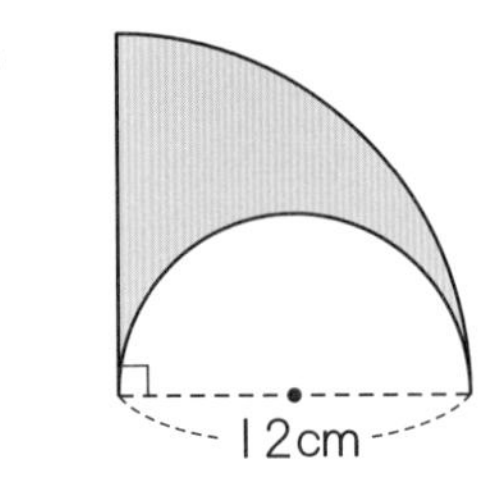

式

答え（　　　　）

5 右の図のような形をした花だんをつくりました。この花だんの面積は何m²ですか。〔12点〕

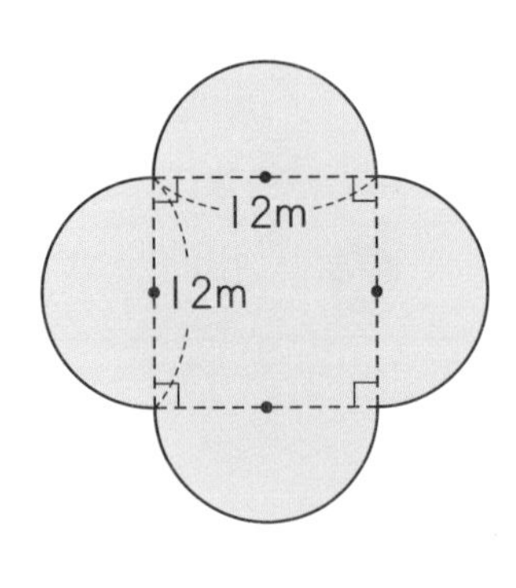

式

答え（　　　　）

立体の体積

基本の問題のチェックだよ。
できなかった問題は，しっかり学習してから
完成テストをやろう！

合計得点 ／100点

関連ドリル ●数・量・図形 P.13～16

〈四角柱の体積〉

1 右の図のような四角柱について，次の問題に答えましょう。

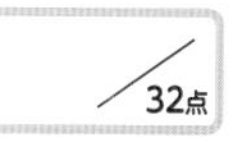

〔1問全部できて　8点〕

①　この四角柱の底面積（底面の面積）は何 cm^2 ですか。

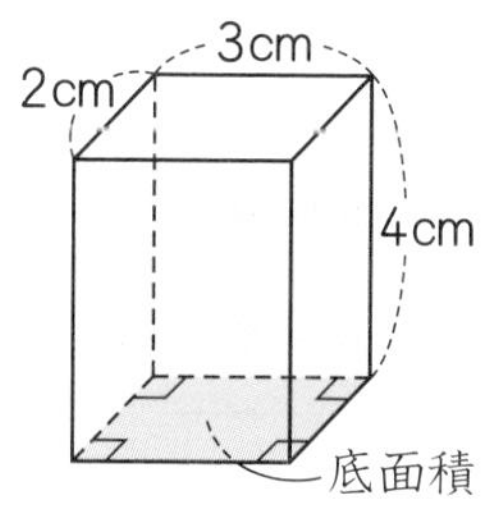

②　この四角柱の底面に，1 cm^3 の立方体をならべると，何 cm^3 になりますか。

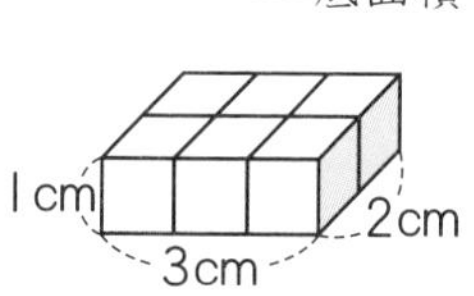

③　①で求めた底面積を表す数と，②で求めた体積を表す数は同じですか，ちがいますか。

（　　　　　）

④　上の四角柱の体積は何 cm^3 ですか。

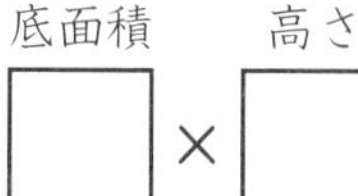
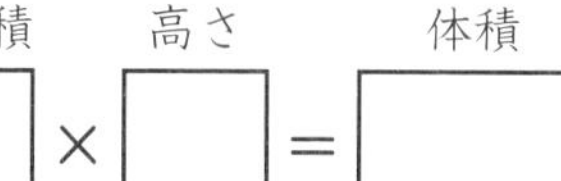

〈三角柱の体積〉

2 右の図のような三角柱について，次の問題に答えましょう。

20点

〔1問全部できて　10点〕

①　この三角柱の底面積は何 cm^2 ですか。

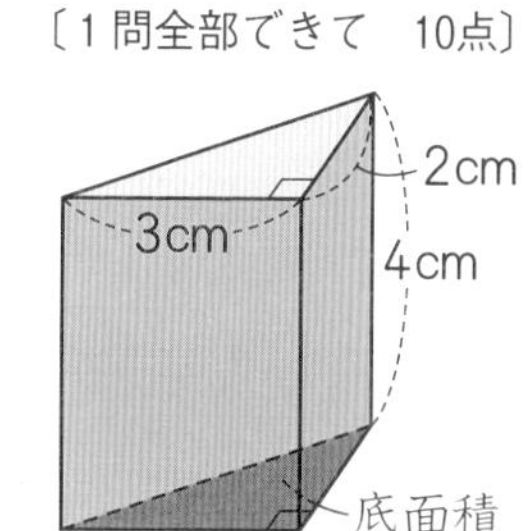

②　右の三角柱の体積は何 cm^3 ですか。

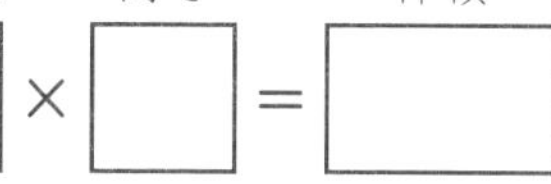

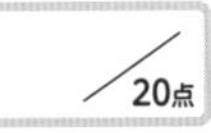

〈円柱の体積〉

3 右の図のような円柱について，次の問題に答えましょう。〔1問全部できて　10点〕

数・量・図形 15・16ページ

① この円柱の底面積は何 cm^2 ですか。

式

4cm
2cm
底面積

答え（　　　　　）

② 右の円柱の体積は何 cm^3 ですか。

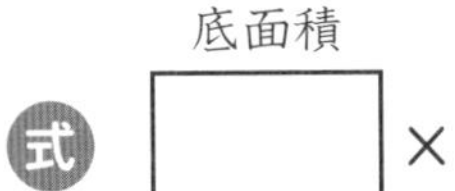

式 □ × □ = □

答え（　　　　　）

★覚えておこう

円柱の体積も
底面積×高さ
で求められます。

〈いろいろな立体の体積〉

4 角柱，円柱の体積は 底面積×高さ で求められます。次の図のような立体の体積を求めましょう。〔1問　14点〕

数・量・図形 13ページ〜

①

3cm
4cm
5cm
6cm

（底面は台形）

式

答え（　　　　　）

②

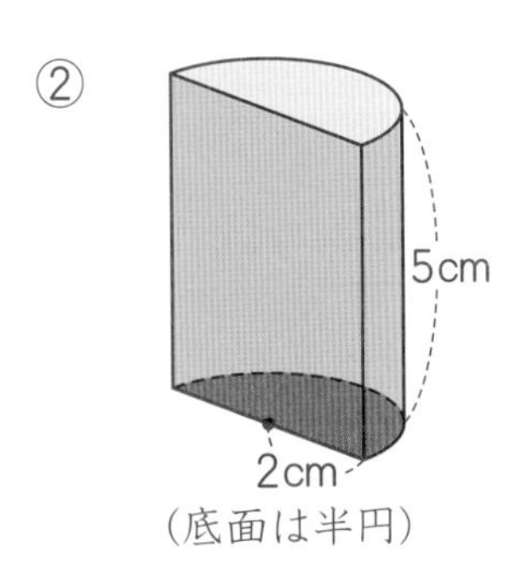

（底面は半円）

式

答え（　　　　　）

立体の体積

1 次のような立体の体積を求めましょう。 〔1問 10点〕

① 底面積が15 cm^2 で高さが6 cmの五角柱

式

答え（　　　　）

② 底面積が18 cm^2 で高さが8 cmの円柱

式

答え（　　　　）

2 下の図のような立体の体積を求めましょう。 〔1問 10点〕

①

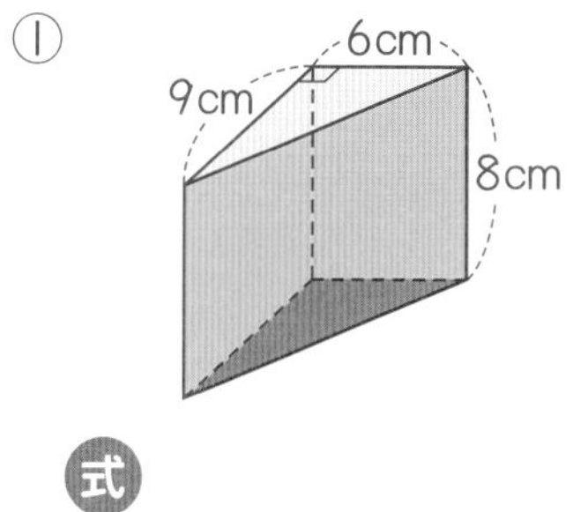

式

答え（　　　　）

②

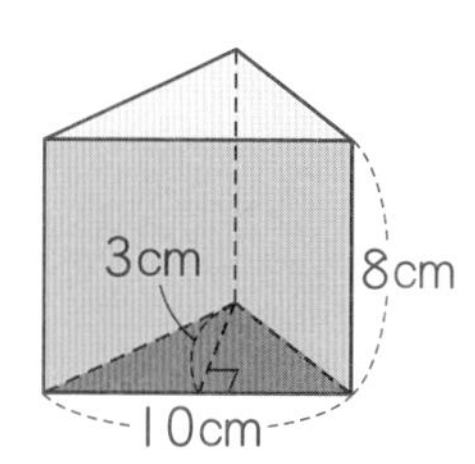

式

答え（　　　　）

③

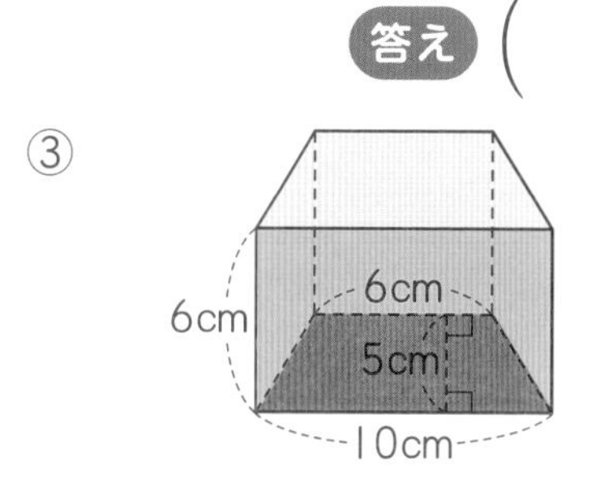

式

答え（　　　　）

④

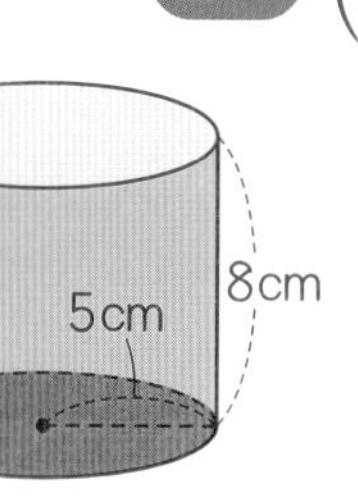

式

答え（　　　　）

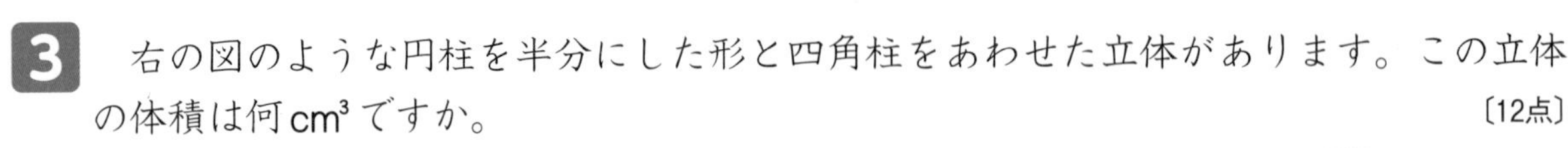

3 右の図のような円柱を半分にした形と四角柱をあわせた立体があります。この立体の体積は何cm^3ですか。　〔12点〕

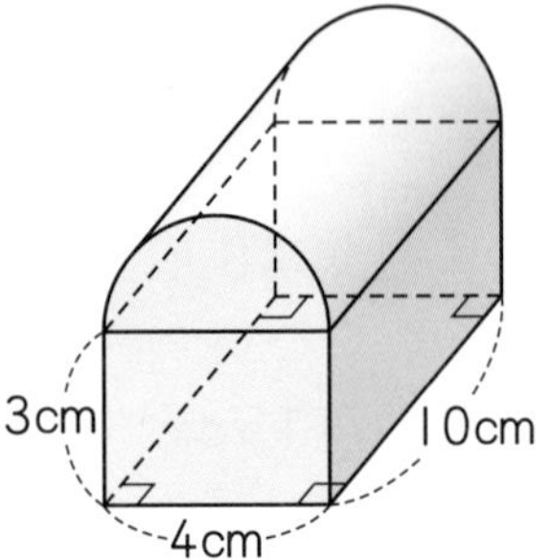

答え（　　　　　）

4 右のような展開図を組み立ててできる四角柱の体積を求めましょう。　〔12点〕

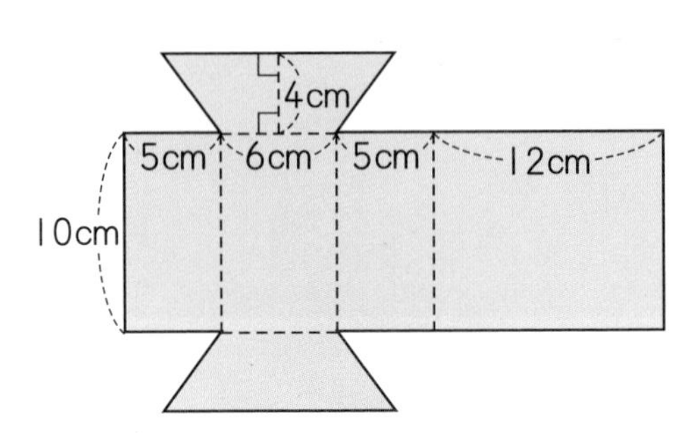

答え（　　　　　）

5 内のりが右の図のような三角柱の形をした容器があります。この容器に水を120cm^3入れると，深さは何cmになりますか。　〔16点〕

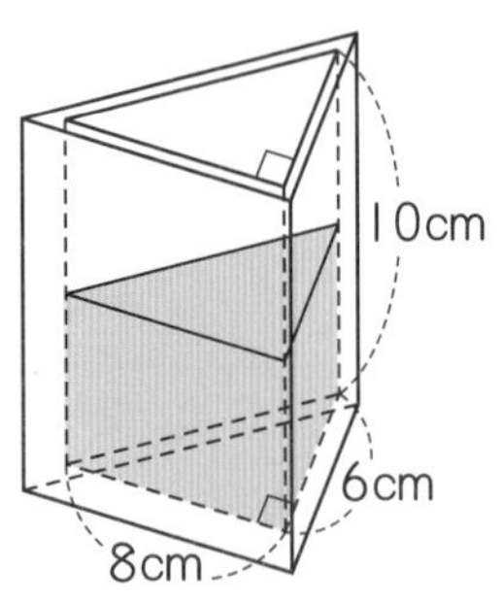

答え（　　　　　）

29 基本テスト 場合の数

完成目標時間 20分

基本の問題のチェックだよ。
できなかった問題は，しっかり学習してから
完成テストをやろう！

合計得点 ／100点

関連ドリル ●文章題 P.63～72

〈ならべ方〉

1 ひろとさん，みさきさん，たけしさんの3人が，1列にならびます。次の問題に答えましょう。〔1問全部できて 6点〕

／18点

① ひろとさんが1番目のときは，どんなならび方がありますか。右の(　)にあてはまる名前を書きましょう。

② みさきさんが1番目のときは，どんなならび方がありますか。右の(　)にあてはまる名前を書きましょう。

③ たけしさんが1番目のときは，どんなならび方がありますか。右の(　)にあてはまる名前を書きましょう。

ひろと	みさき	(　　)
ひろと	(　　)	(　　)
みさき	ひろと	(　　)
みさき	(　　)	(　　)
たけし	ひろと	(　　)
たけし	(　　)	(　　)

〈ならべ方〉

2 [1]，[2]，[3]，[4] の4まいの数字カードをならべて，4けたの数をつくります。次の問題に答えましょう。〔1問全部できて　7点〕

／28点

① 千の位を1にしたとき，百の位，十の位，一の位の数字を右のようにならべました。(　)にあてはまる数を書きましょう。

千の位　百の位　十の位　一の位

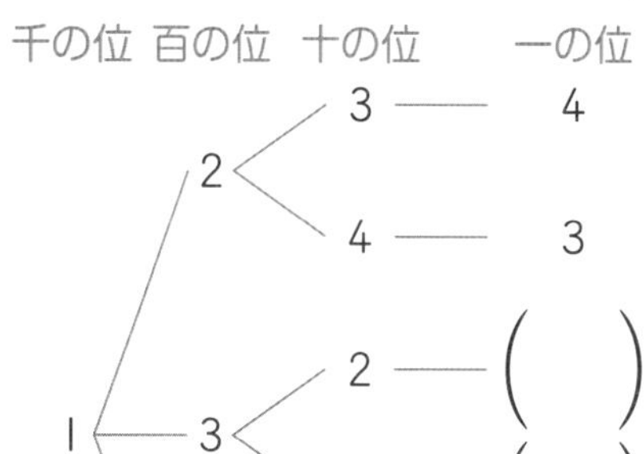

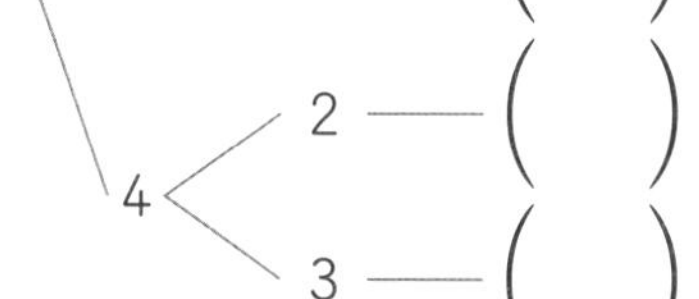

② 千の位を2にしたとき，1と同じように考えると，できる4けたの数は何とおりありますか。

(　　　　)

③ 千の位を3，4にしたとき，できる4けたの数はそれぞれ何とおりありますか。

3 (　　　　)　4 (　　　　)

④ 全部で4けたの数は何とおりできますか。

(　　　　)

3 〈組のつくり方〉

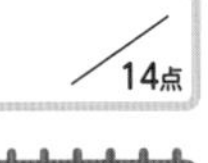

ぜんぶできたら

だいちさん，ゆうきさん，そうたさんの3人ですもうをとります。どの人とも１回ずつすもうをとります。下の図を見て，問題に答えましょう。

〔１問全部できて　7点〕

① だいちさんの相手になる人はだれですか。（　）に名前を書きましょう。

だいち ―（　　　　）

だいち ―（　　　　）

② ①で考えた組み合わせのほかに，どんな組み合わせがありますか。①のように書きましょう。

（　　　　　　　　）

4 〈組のつくり方〉

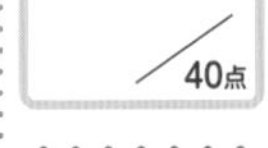

赤，青，黄，白の４色の中から２色を選びます。次の問題に答えましょう。

〔１問全部できて　8点〕

赤　青　黄　白

① 赤と組み合わせることができるのはどの色ですか。（　）に色を書きましょう。

赤―（　　　）　赤―（　　　）　赤―（　　　）

② ①で考えた組み合わせのほかに，青と組み合わせることができるのはどの色ですか。（　）に色を書きましょう。

青―（　　　）　青―（　　　）

③ ①と②で考えた組み合わせのほかに，黄と組み合わせることができるのはどの色ですか。（　）に色を書きましょう。

黄―（　　　）

④ ①～③で考えた組み合わせのほかに，白と組み合わせることができる色は残っていますか，残っていませんか。

（　　　　　）

⑤ ２色の選び方は，全部で何とおりありますか。

（　　　）

30 完成テスト 場合の数

完成目標時間 25分

復習のめやす
基本テスト・関連ドリルなどでしっかり復習しよう！
0点 合格 70点 100点

合計得点 ／100点

関連ドリル ●文章題 P.63～72

1 0，1，2の3まいの数字カードをならべて，3けたの数をつくります。できる3けたの数を全部書きましょう。〔全部できて 10点〕

（　　　　　　　　）

2 あさひさん，たけるさん，はるきさん，そうたさんの4人でリレーの練習をします。走る順序は何とおりありますか。〔12点〕

（　　　　）

3 赤，黄，緑，白の4色のうち2色を使って，下の図のA（エー），B（ビー）の部分をぬり分けます。何とおりのぬり方がありますか。〔12点〕

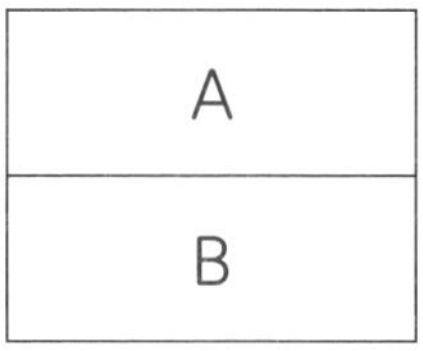

A
B

（　　　　）

4 0，2，4，6の4まいの数字カードがあります。このカードのうち3まいをならべて，3けたの数をつくります。できる3けたの数は全部で何とおりありますか。〔12点〕

（　　　　）

5 100円玉1個を続けて3回投げます。このとき，表とうらの出方は何とおりありますか。〔10点〕

（　　　　）

6 東，西，南，北の4チームがサッカーの試合をします。どのチームも，ちがうチームと1回ずつ試合をします。どんな組み合わせがありますか。すべての場合を書きましょう。

〔全部できて　10点〕

(　　　　　　　　　　　　　　　　　　　　　　　　)

7 A(エー)，B(ビー)，C(シー)，D(ディー)，E(イー)の5チームがソフトボールの試合をします。どのチームも，ちがうチームと1回ずつ試合をします。試合は全部で何とおりありますか。〔12点〕

(　　　　　)

8 5円玉，10円玉，50円玉，100円玉をそれぞれ1まいずつ持っています。このうち2まいを取り出すと何円になりますか。すべての場合を書きましょう。

〔全部できて　10点〕

(　　　　　　　　　　　　　　　　　　　　)

9 ゆうとさんの家から駅までは，下の図のような4とおりの道があります。駅からA市へ行く行き方は，下の図のような3とおりの乗り物で行く行き方があります。ゆうとさんの家から駅へ行ってA市へ行く行き方は全部で何とおりありますか。〔12点〕

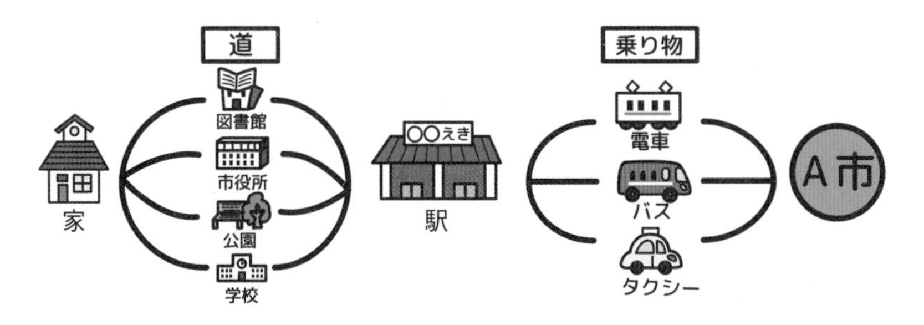

(　　　　　)

31 基本テスト

完成 目標時間 20分

データの調べ方(1)

基本の問題のチェックだよ。
できなかった問題は，しっかり学習してから
完成テストをやろう！

合計得点 ／100点

関連ドリル ●数・量・図形 P.55〜60 ●文章題 P.39〜42

〈資料の平均値〉

1 下の表は，先週と今週に産まれたたまごの重さを記録したものです。次の問題に答えましょう。 〔1問 10点〕

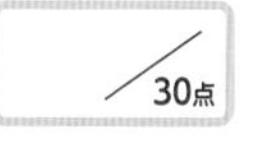

先週と今週に産まれたたまごの重さ(g)

先週	57	63	54	60	62	55
今週	62	60	57	58	58	

① 先週産まれたたまごの重さの平均値を求めましょう。

式

答え（　　　）

② 今週産まれたたまごの重さの平均値を求めましょう。

式

答え（　　　）

③ 重いたまごがよく産まれたといえるのは，先週と今週のどちらですか。それぞれの平均値でくらべましょう。

（　　　）

〈ドットプロット〉

2 下のドットプロットは，あるクラスの１週間の運動時間を調べたものです。次の問題に答えましょう。 〔1問 10点〕

１週間の運動時間

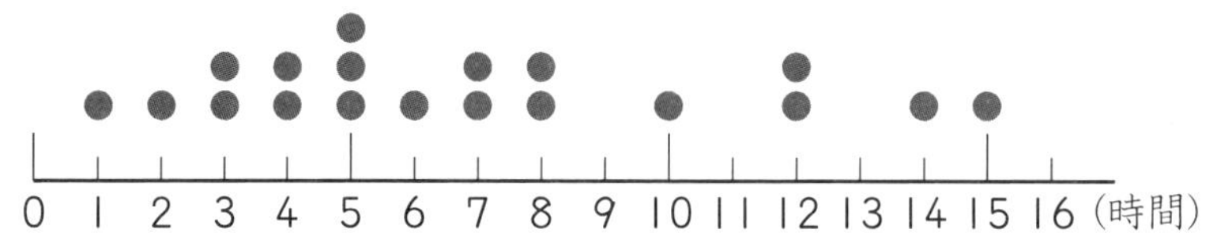

① 運動時間が５時間の人は何人いますか。

（　　　）

② 運動時間が８時間以上の人は何人いますか。

（　　　）

〈平均値・最頻値〉

3 下の表は，6年1組の人が1か月に借りた本のさっ数を調べてまとめたものです。次の問題に答えましょう。〔1問 10点〕

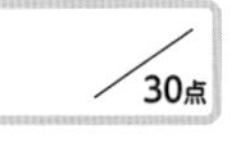

1か月に借りた本のさっ数(さつ)

5	10	12	4	15	7	11	14	3	7
7	12	14	20	8	13	12	10	12	18

① 平均値を求めましょう。

答え（　　　　）

② データをドットプロットに表しましょう。

③ 最頻値を求めましょう。（　　　　）

〈中央値〉

4 下の表は，Aチームと Bチームでゲームをしたときの得点を表したものです。次の問題に答えましょう。〔1問 10点〕

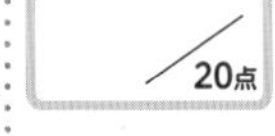

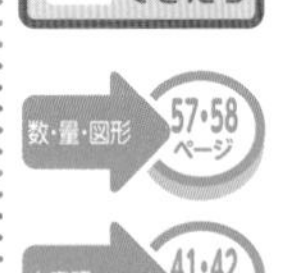

ゲームの得点

Aチーム(点)	7	11	6	2	14	20	6	16	12	
Bチーム(点)	4	12	8	15	13	1	12	18	4	6

① Aチームのデータの中央値を求めましょう。（　　　　）

② Bチームのデータの中央値を求めましょう。（　　　　）

データの調べ方(1)

復習のめやす 基本テスト・関連ドリルなどでしっかり復習しよう！ 0点 80点 合格 100点

合計得点 /100点

関連ドリル ●数・量・図形 P.55～60 ●文章題 P.39～42

1 下の表は，Aグループ(エー)とBグループ(ビー)の50m走の記録です。記録がよいといえるのはどちらのグループですか。それぞれの平均値(へいきんち)を求めてくらべましょう。〔10点〕

50m走の記録（Aグループ）

番号	記録(秒)	番号	記録(秒)
①	8.9	④	9.2
②	9.0	⑤	8.8
③	8.7	⑥	9.1

50m走の記録（Bグループ）

番号	記録(秒)	番号	記録(秒)
①	9.3	④	9.1
②	8.6	⑤	9.3
③	8.7		

式 〈Aグループ〉

〈Bグループ〉

答え（　　　）

2 下のドットプロットは，あるクラスの1週間の読書時間を調べたものです。次の問題に答えましょう。〔1問　10点〕

1週間の読書時間

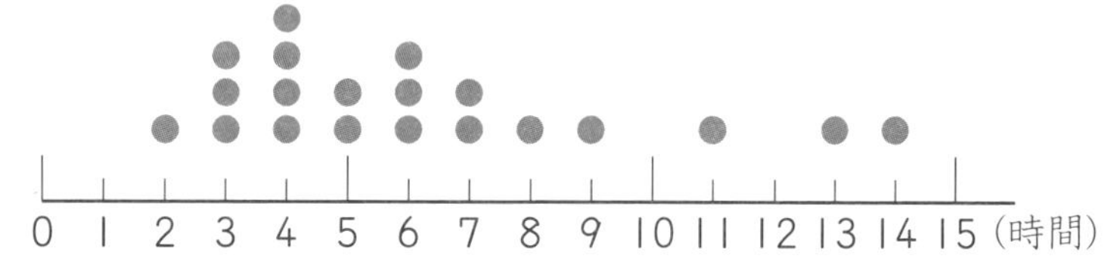

① 平均値を求めましょう。

式

答え（　　　）

② 最頻値(さいひんち)を求めましょう。（　　　）

③ 中央値(ちゅうおうち)を求めましょう。（　　　）

3 下の表は，6年1組と6年2組の小テストの結果を表したものです。次の問題に答えましょう。
〔1問全部できて　10点〕

小テストの結果

1組(点)	10	6	14	17	3	14	17	7	15	12	14	9	
2組(点)	8	10	12	16	10	17	5	14	8	16	6	18	16

① 1組の平均値(へいきんち)を求めましょう。

答え（　　　　）

② 2組の平均値を求めましょう。

答え（　　　　）

③ 次のドットプロットは，1組のデータを表したものです。2組のデータをドットプロットに表しましょう。

1組

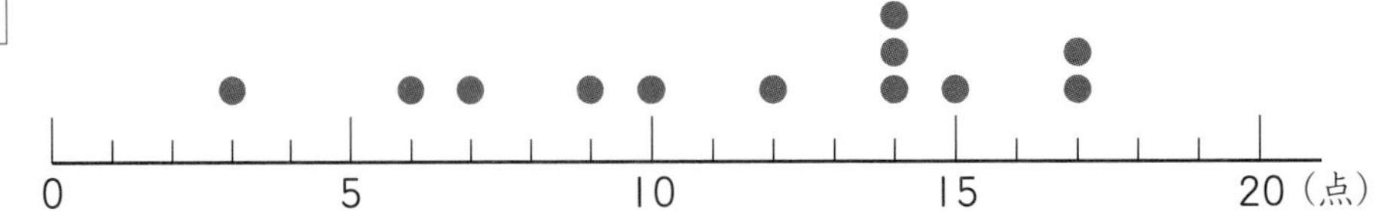

2組

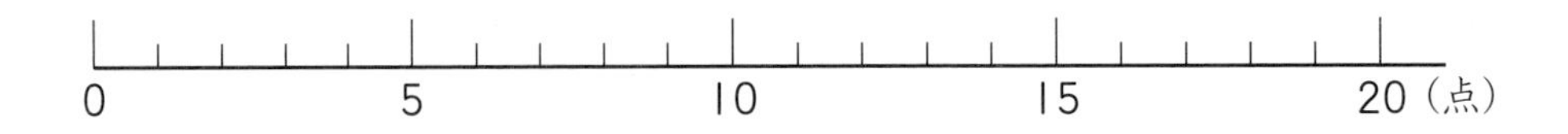

④ 1組と2組のそれぞれの最頻値(さいひんち)を求めましょう。

1組（　　　　）　2組（　　　　）

⑤ 平均値でくらべると，1組と2組のどちらのほうが成績がよいといえますか。

（　　　　）

⑥ 中央値(ちゅうおうち)でくらべると，1組と2組のどちらのほうが成績がよいといえますか。

（　　　　）

33 基本テスト データの調べ方(2)

完成 目標時間 25分

基本の問題のチェックだよ。
できなかった問題は，しっかり学習してから
完成テストをやろう！

合計得点 /100点

関連ドリル ●数・量・図形 P.61～70 ●文章題 P.43～46

〈散らばりを表す表〉

1 6年１組20人のソフトボール投げの記録を，左のような表に整理しようと思います。次の問題に答えましょう。 〔１問 6点〕

/24点

ソフトボール投げの記録

投げたきょり(m)	人数(人)
20以上～25未満	あ
25～30	い
30～35	う
35～40	え
40～45	お
合　計	20

① 左のような表を何といいますか。

(　　　　　)

② 左の表では，投げたきょりを何mずつ区切ってありますか。

(　　　　　)

③ 左の表の「30～35」とは，投げたきょりが何m以上何m未満のことを表していますか。

(　　　　　)

④ 35m投げた人は，あ～おのどこにあてはまりますか。 (　　　)

〈散らばりを表す表〉

2 下の表は，あるクラスの通学時間を調べてまとめたものです。次の問題に答えましょう。 〔１問全部できて 6点〕

/18点

通学時間(分)

16	12	18	5	27	20	12	18	13
7	10	11	19	12	8	14	24	15

① 右の度数分布表を完成させましょう。

② 度数がいちばん多い階級は，何分以上何分未満ですか。

(　　　　　)

③ 通学時間が20分以上の人は何人いますか。

(　　　　　)

通学時間

時間(分)	人数(人)
5以上～10未満	
10～15	
15～20	
20～25	
25～30	
合　計	

〈散らばりを表すグラフ〉

3 右のグラフは，6年1組20人のソフトボール投げの記録です。次の問題に答えましょう。〔1問　6点〕

数・量・図形 61ページ～
文章題 45ページ～

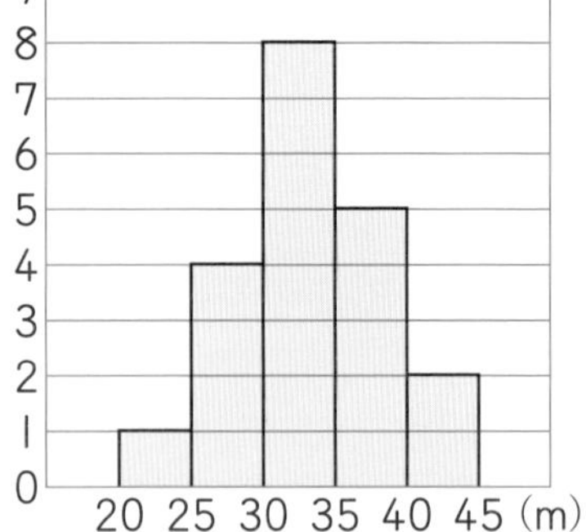

① 右のようなグラフを何グラフといいますか。（　　　　）

② 20人の記録は，何m以上何m未満に散らばっていますか。（　　　　）

③ 25m以上30m未満の人は何人いますか。（　　　　）

④ 度数がいちばん多い階級は，何m以上何m未満ですか。（　　　　）

〈散らばりを表すグラフ〉

4 下の度数分布表は，6年1組20人の通学時間を調べたものです。これを右のヒストグラムに表します。続けてグラフをかきましょう。〔10点〕

数・量・図形 64ページ～
文章題 45ページ～

通学時間

時間（分）	人数（人）
5以上～10未満	2
10 ～ 15	5
15 ～ 20	7
20 ～ 25	4
25 ～ 30	2
合　計	20

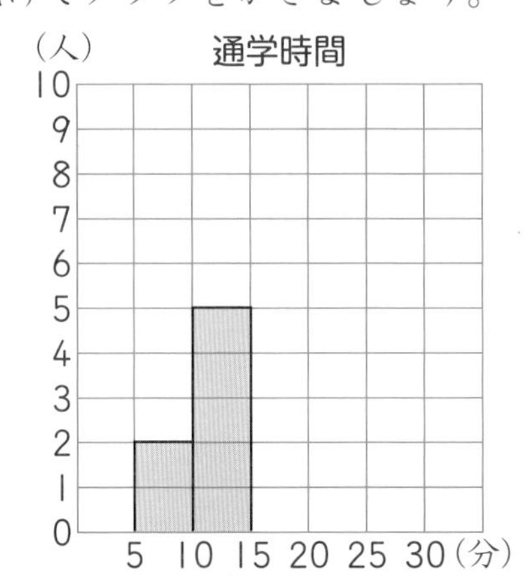

〈一部と全体のようす〉

5 下の表は，6年1組の花だんと学校全体の花だんにまいた種の数と発芽した種の数を示したものです。次の問題に答えましょう。〔①1つ　8点，②　8点〕

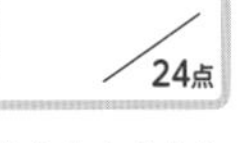

数・量・図形 63ページ～
文章題 45ページ～

まいた種と発芽のようす

	まいた種の数（つぶ）	発芽した種の数（つぶ）
6年1組	100	92
学校全体	1800	1650

① 6年1組と学校全体で，発芽した種はまいた種のそれぞれ何%ですか。四捨五入して，$\frac{1}{10}$の位までの数で答えましょう。

式

1組（　　　　）　全体（　　　　）

② 6年1組と学校全体では，発芽した種の割合はだいたい同じくらいといえますか，いえませんか。（　　　　）

34 完成テスト 完成目標時間 25分

データの調べ方(2)

●復習のめやす
基本テスト・関連ドリルなどでしっかり復習しよう！
0点　合格 80点　100点

合計得点　　/100点

関連ドリル
●数・量・図形 P.61～70
●文章題 P.43～46

1 右のヒストグラムは，6年2組全員の身長の散らばりを表しています。次の問題に答えましょう。
〔1問全部できて　8点〕

6年2組の身長のようす

（人）
10 9 8 7 6 5 4 3 2 1 0
125 130 135 140 145 150 155 160（cm）

① 6年2組の人数は何人ですか。

② 度数がいちばん多いのは，どの階級ですか。

③ 身長135cm未満の人は，全部で何人いますか。

（　　　）

④ 身長145cm以上の人は，全部で何人いますか。

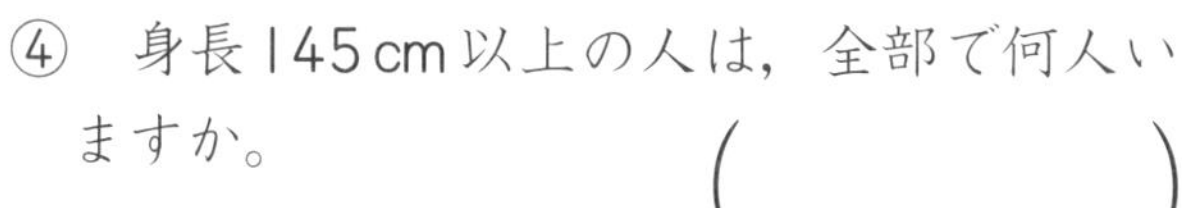

⑤ 身長の低いほうから数えて8番目の人は，どの階級に入りますか。

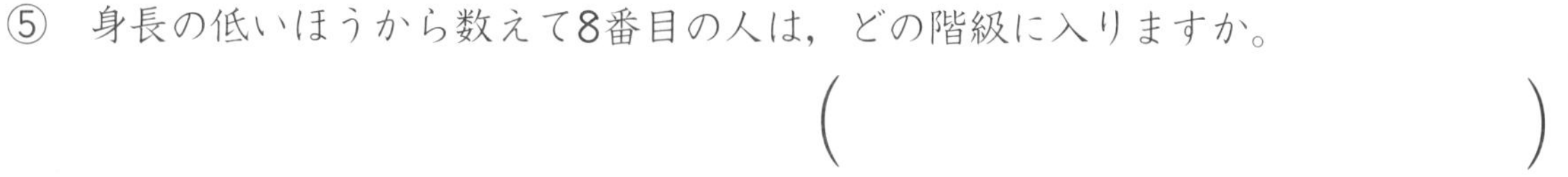

⑥ 身長148.5cmの人は，身長の高いほうから数えて，何番目から何番目のはんいにいるといえますか。

（　　　）

⑦ 身長145cm以上150cm未満の人は，6年2組全体の何%ですか。

式

答え（　　　）

⑧ 次のうち，このグラフだけではわからないものはどれですか。全部選んで，記号を(　)に書きましょう。

㋐ 身長135cm以上145cm未満の人数
㋑ 6年2組でいちばん高い身長
㋒ 6年2組の身長の平均値（へいきんち）
㋓ 身長150cm以上の人数の割合（わりあい）

（　　　）

2 下の表は，ソフトボール投げの記録を表しています。左下の度数分布表を完成させ，右下の方眼を使ってヒストグラムに表しましょう。〔表・グラフ　それぞれ10点〕

ソフトボール投げの記録

番号	きょり(m)
①	28
②	24
③	31
④	35
⑤	41
⑥	26
⑦	21
⑧	30

番号	きょり(m)
⑨	30
⑩	25
⑪	32
⑫	23
⑬	38
⑭	40
⑮	33
⑯	29

番号	きょり(m)
⑰	18
⑱	31
⑲	35
⑳	27
㉑	32
㉒	26
㉓	37
㉔	34

ソフトボール投げの記録

投げたきょり(m)	人数(人)
15以上～20未満	1
20　～25	
25　～30	
30　～35	
35　～40	
40　～45	
合　計	24

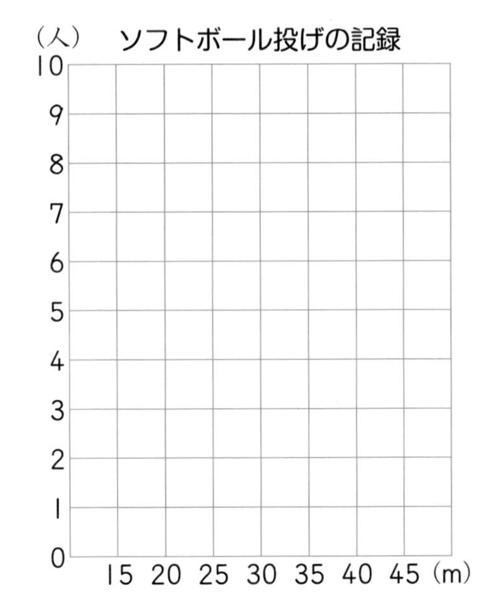

3 花だんにあさがおの種を150つぶまいたら，そのうちの138つぶの芽が出ました。次の問題に答えましょう。〔1問　8点〕

① 芽が出たのは，まいたあさがおの種の何%ですか。

式

答え（　　　）

② このあさがおと同じ割合（わりあい）で芽が出るとすると，同じ種類のあさがおの種を500つぶまいたら，芽が出るのは何つぶと考えられますか。

式

答え（　　　）

まわりの長さが2100mある池のまわりを，はるきさんは分速72m，あおいさんは分速68mの速さで同じところから反対方向に歩きます。何分後に2人は出会いますか。

〔12点〕

式

答え（　　　　）

1.8km先を分速130mの速さの自転車で走っている弟を，兄は分速250mの速さの自転車で追いかけました。兄が弟に追いつくのは何分後ですか。〔12点〕

式

答え（　　　　）

2000円を兄と弟で分けました。兄のお金の$\frac{1}{3}$は，弟のお金のちょうど$\frac{1}{2}$でした。兄と弟はそれぞれ何円ずつ分けましたか。

〔12点〕

式

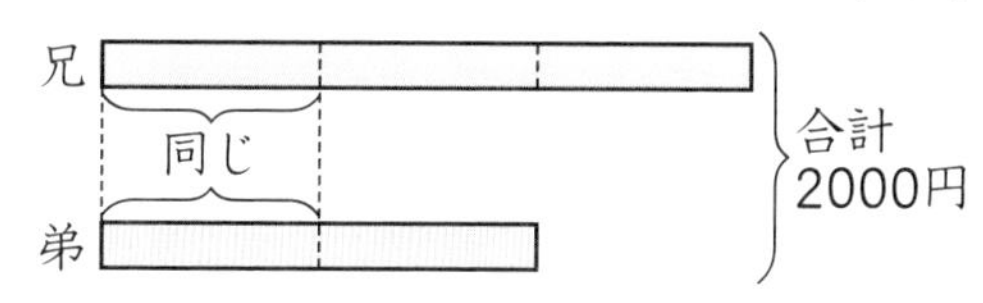

答え（　　　　）

800円を兄と弟で分けます。兄は弟の2倍より50円多くなるように分けます。何円ずつに分ければよいでしょうか。

〔12点〕

式

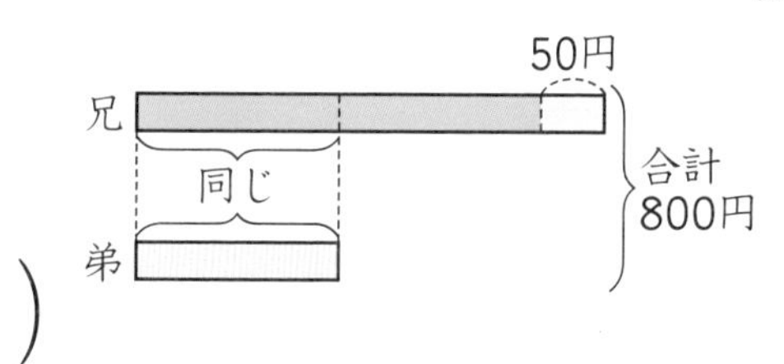

答え（　　　　）

2000円を姉と妹で分けます。姉は妹の２倍より100円少なくなるように分けます。何円ずつに分ければよいでしょうか。〔12点〕

式

答え（　　　　）

6 赤いリボンが$3\frac{3}{4}$mあります。青いリボンの長さは，赤いリボンの長さより，その$\frac{1}{3}$だけ長いそうです。青いリボンは何mありますか。〔10点〕

式

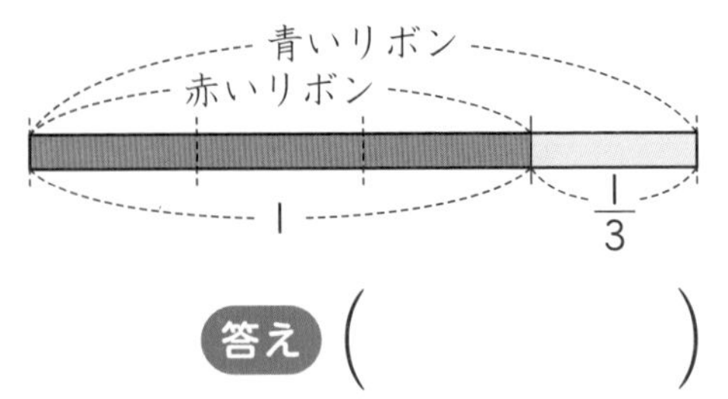

答え（　　　　）

7 ゆうとさんの身長は145cmです。お父さんの身長は，ゆうとさんの身長の$\frac{1}{5}$だけ，高いそうです。お父さんの身長は何cmですか。〔10点〕

式

答え（　　　　）

8 テープが$4\frac{1}{2}$mあります。そのうち$\frac{1}{3}$を使ったら，残りは何mになりますか。〔10点〕

式

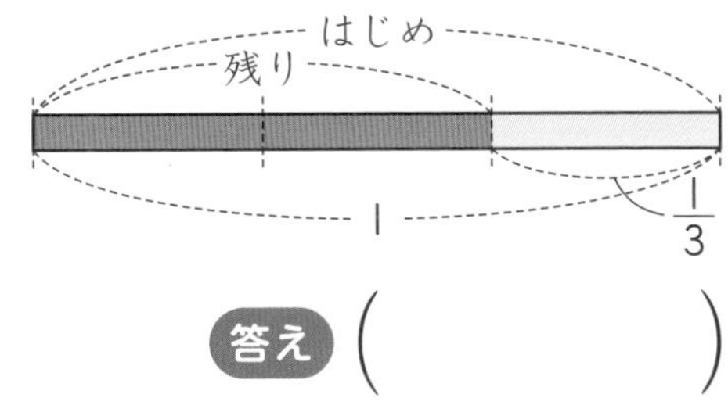

答え（　　　　）

9 ジュースと牛にゅうがあります。ジュースは2.4Lで，牛にゅうはジュースの$\frac{1}{6}$だけ少ないそうです。牛にゅうの量は何Lですか。〔10点〕

式

答え（　　　　）

36 完成テスト いろいろな問題(2)

完成 目標時間 20分

復習のめやす 関連ドリルなどでしっかり復習しよう！ 0点 合格 70点 100点

合計得点 ／100点

関連ドリル ●文章題 P.79～84

1 ある仕事をするのに，A１人では6日，B１人では12日かかります。〔1問 8点〕

① Aが1日にする仕事の量は，仕事全体のどれだけの割合ですか。分数で答えましょう。

（　　　　）

② AとBの2人がいっしょに仕事をすると，1日にできる仕事の量は，仕事全体のどれだけの割合ですか。

式

答え（　　　　）

③ AとBの2人がいっしょに仕事をすると，何日で仕上げることができますか。

式

答え（　　　　）

2 水そうに水を入れるのに，黒い管では30分，青い管では20分かかります。両方の管をいっしょに使って水を入れると，何分でいっぱいになりますか。〔12点〕

式

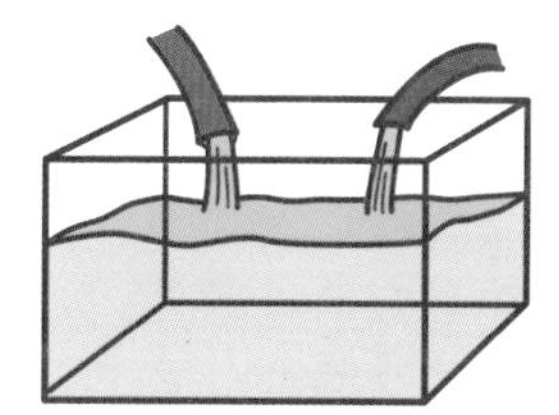

答え（　　　　）

3 へいを作る仕事を仕上げるのに，A１人では8日，B１人では12日，C１人では24日かかります。この仕事を3人でいっしょにすると，何日で仕上げることができますか。

〔12点〕

式

答え（　　　　）

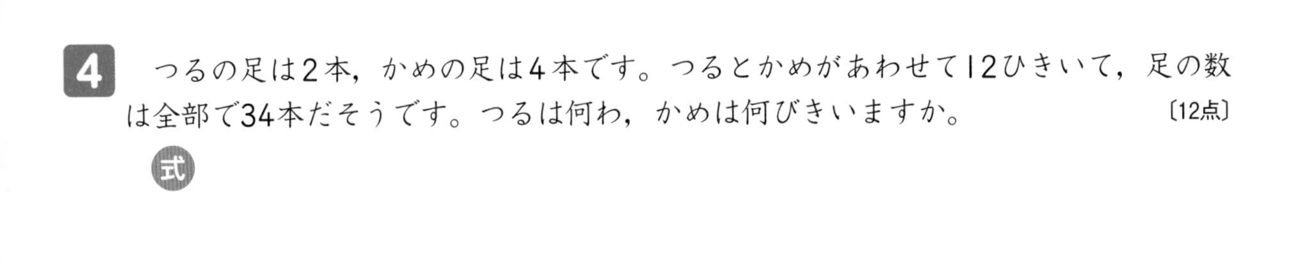

4 つるの足は2本，かめの足は4本です。つるとかめがあわせて12ひきいて，足の数は全部で34本だそうです。つるは何わ，かめは何びきいますか。〔12点〕

式

答え（　　　　　　　）

5 1本80円のえん筆と1本100円のえん筆をあわせて20本買ったら，代金は1700円でした。それぞれ何本ずつ買いましたか。〔12点〕

式

答え（　　　　　　　）

6 おはじきを何人かの子どもたちに分けようと思います。1人に6個ずつ分けると16個たりなくなり，4個ずつにするとちょうど分けることができます。子どもの人数とおはじきの数を求めましょう。〔14点〕

式

4個ずつでの必要な数　16個不足
6個ずつでの必要な数

答え（　　　　　　　）

7 みかんを何人かの子どもに分けるのに，4個ずつ配ると6個あまり，6個ずつ配ると8個たりません。子どもは何人いますか。〔14点〕

式

あまり 6個
4個ずつでの必要な数
8個不足
6個ずつでの必要な数

答え（　　　　　　　）

37 完成 目標時間 25分

仕上げテスト(1)

復習のめやす 基本テストなどでしっかり復習しよう！ 0点 80点 合格 100点

合計得点 /100点

1 次の計算をしましょう。〔1問 3点〕

① $\frac{4}{9}\times\frac{2}{3}$

② $\frac{5}{6}\times\frac{2}{3}$

③ $1\frac{1}{4}\times\frac{3}{5}$

④ $8\times1\frac{1}{6}$

⑤ $1\frac{5}{9}\times1\frac{5}{7}$

⑥ $\left(\frac{1}{4}+1\right)\times\frac{2}{5}$

2 次の比の値(あたい)を求めましょう。〔1問 4点〕

① 14：35 (　　　)

② 1.5：2.5 (　　　)

③ $\frac{1}{4}:\frac{1}{5}$ (　　　)

3 下の表で，x(エックス)とy(ワイ)が比例しているものと，反比例しているものを選び，(　)に記号を書きましょう。また，xとyの関係を式に表しましょう。〔(　)1つ 6点〕

あ

x	1	2	3	4	5	6
y	5	7	9	11	13	15

い

x	1	2	3	4	5	6
y	4	8	12	16	20	24

う

x	1	2	3	4	5	6
y	18	9	6	4.5	3.6	3

え

x	1	2	3	4	5	6
y	16	14	12	10	8	6

比例(　　，　　　)　反比例(　　，　　　)

4 次のことを，xを使った1つの式に表しましょう。〔1問 6点〕

① 1さつx円のノートを5さつ買ったときの代金 (　　　)

② xLのお茶のうち，0.3L飲んだときの残り (　　　)

5 右の図は，線対称な図形です。次の問題に答えましょう。 〔1問 4点〕

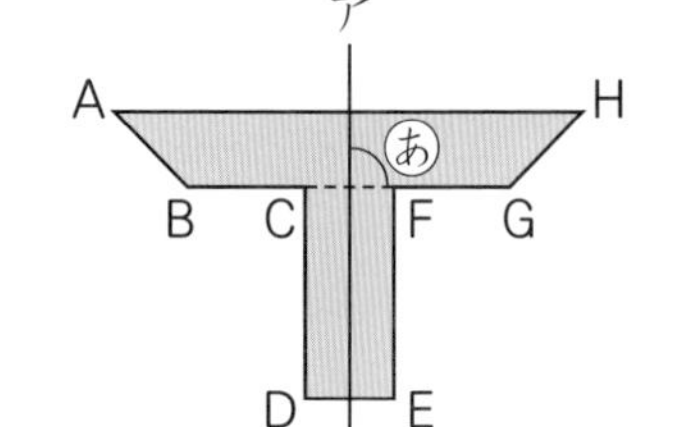

① 点Bに対応する点はどれですか。 (　　　　)

② 角Aと等しい角はどれですか。 (　　　　)

③ 角あの大きさは何度ですか。 (　　　　)

④ 辺BCと等しい長さの辺はどれですか。 (　　　　)

6 右の表は，あるクラスの1週間の家での学習時間を調べてまとめたものです。次の問題に答えましょう。 〔1問 4点〕

1週間の家での学習時間(時間)

4	5
8	3
5	10
5	7
12	4
7	8

① 平均値を求めましょう。

式

答え (　　　　)

② 最頻値を求めましょう。 (　　　　)

③ 中央値を求めましょう。 (　　　　)

7 たて$1\frac{7}{9}$m，横$\frac{3}{8}$mの長方形の板があります。この板の面積は何m^2ですか。 〔6点〕

式

答え (　　　　)

8 縮尺$\frac{1}{500}$の縮図で，4cmで表された長さは，実際には何mですか。 〔6点〕

式

答え (　　　　)

9 食塩と水を2：9の重さの比で混ぜて，食塩水をつくります。水360gに対して，食塩を何g混ぜればよいでしょうか。 〔6点〕

式

答え (　　　　)

仕上げテスト(2)

●復習のめやす
基本テストなどで
しっかり復習しよう！
合格
0点 80点 100点

合計得点 /100点

1 次の数の逆数を分数で表しましょう。(答えが仮分数のときは仮分数のままで)

〔1問 4点〕

① $\frac{6}{7}$ (　　　)　② $1\frac{2}{5}$ (　　　)　③ 1.7 (　　　)

2 次の計算をしましょう。

〔1問 4点〕

① $\frac{5}{8} \div \frac{2}{3}$

② $\frac{7}{12} \div \frac{3}{4}$

③ $1\frac{4}{5} \div \frac{3}{7}$

④ $12 \div 1\frac{3}{5}$

⑤ $2\frac{2}{9} \div 1\frac{1}{3}$

⑥ $2\frac{1}{7} \div \left(\frac{4}{9} - \frac{1}{9}\right)$

3 次の比をかんたんにしましょう。

〔1問 4点〕

① 15：24　② 1.2：0.8　③ $\frac{1}{3} : \frac{1}{4}$

(　　　)　(　　　)　(　　　)

4 下の図で，㋐の三角形の2倍の拡大図(かくだいず)と $\frac{1}{2}$ の縮図(しゅくず)はどれですか。それぞれ記号で答えましょう。

〔(　)1つ 4点〕

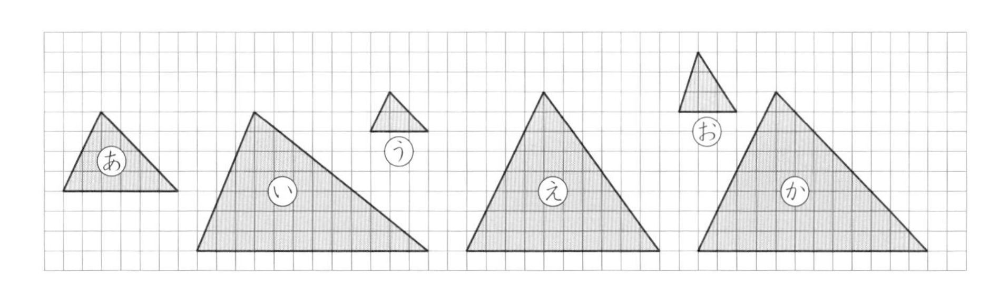

5　右の図は，点対称（てんたいしょう）な形の半分を表したものです。残りの半分をかきたし，点対称な形を完成させましょう。　〔6点〕

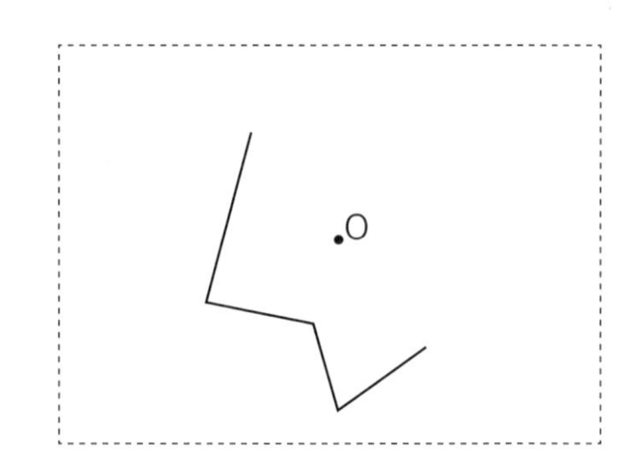

6　右の図のような形の面積を求めましょう。　〔7点〕

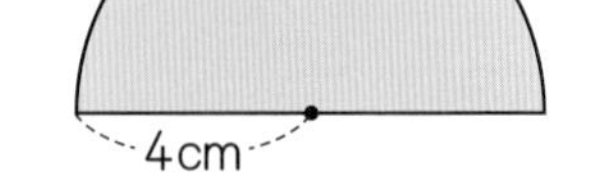

答え（　　　　　）

7　右の図のような四角柱の体積を求めましょう。　〔7点〕

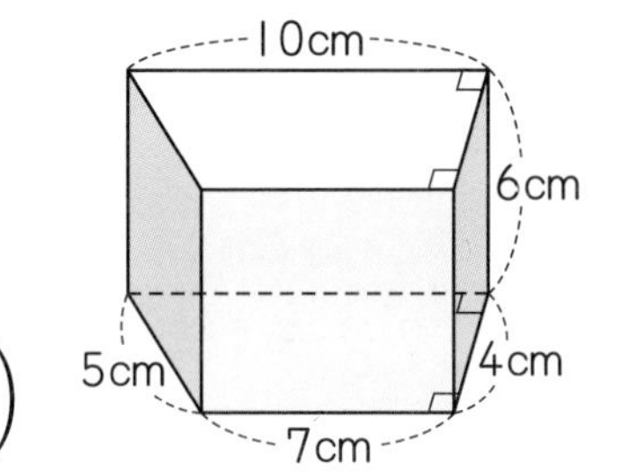

答え（　　　　　）

8　$1\frac{4}{5}$Lのしょう油があります。$\frac{3}{25}$Lずつ小さいびんに分けて入れると，小さいびんは何本できますか。　〔8点〕

式

答え（　　　　　）

9　4500円を兄と弟で分けます。兄と弟の金額の比が5：4になるように分けます。それぞれ何円ずつになりますか。　〔8点〕

式

答え（　　　　　）

10　[0]，[1]，[3]，[5]の4まいの数字カードがあります。この数字カードのうち，2まいをならべて，2けたの整数をつくります。できる2けたの整数は全部で何とおりありますか。　〔8点〕

（　　　　　）

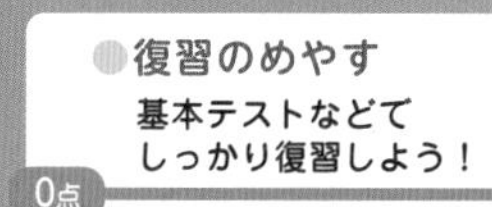

仕上げテスト(3)

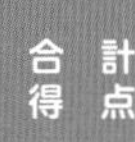

●復習のめやす
基本テストなどでしっかり復習しよう！
合格
0点 80点 100点

合計得点 /100点

1 次の計算をしましょう。〔1問 5点〕

① $\frac{5}{9}\times 6$　② $\frac{4}{7}\div 10$

2 整数や小数は分数になおして計算しましょう。〔1問 6点〕

① $\frac{2}{5}\times\frac{3}{8}\times 0.4$　② $\frac{4}{9}\div 6\times 1.5$

③ $3\div\frac{6}{7}\div 1\frac{5}{9}$　④ $1.2\times\frac{5}{8}\div 1\frac{3}{4}$

3 四角形ABCD（エービーシーディー）は，四角形EBFG（イービーエフジー）の拡大図（かくだいず）です。次の問題に答えましょう。〔1問 5点〕

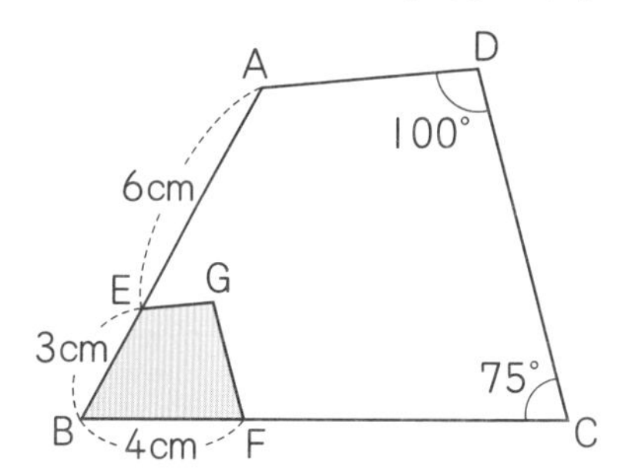

① 四角形ABCDは，四角形EBFGの何倍の拡大図ですか。（　　　）

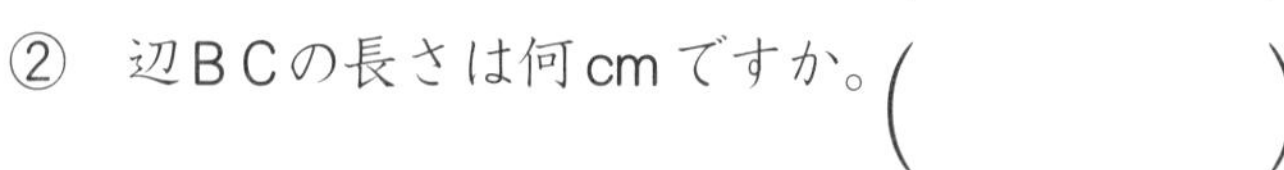

② 辺BCの長さは何cmですか。（　　　）

③ 角Fの大きさは何度ですか。（　　　）

4 右の図のような形の面積を求めましょう。〔6点〕

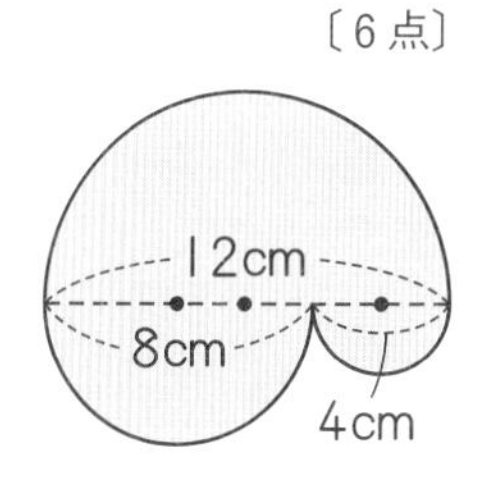

式

答え（　　　）

5 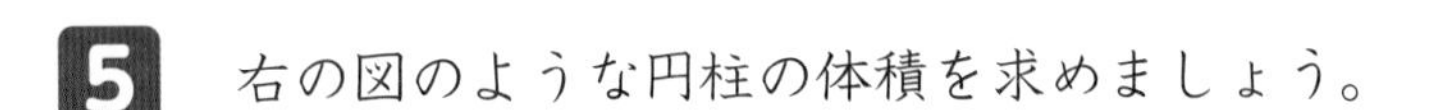
右の図のような円柱の体積を求めましょう。〔6点〕

式

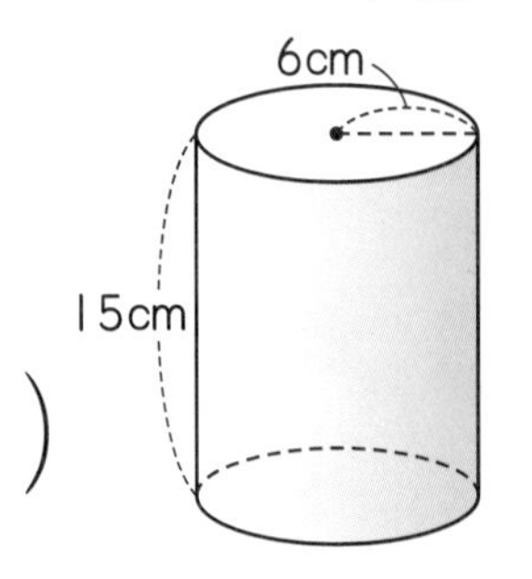

答え（　　　　　）

6 右のグラフは，6年1組40人のソフトボール投げの記録です。次の問題に答えましょう。〔1問　5点〕

① 度数がいちばん多い階級は，何m以上何m未満ですか。

（　　　　　）

② 38m投げた人は，遠くへ投げたほうから数えて何番目から何番目のはんいにいるといえますか。

（　　　　　）

③ 35m以上投げた人は，6年1組全体の何%ですか。

式

答え（　　　　　）

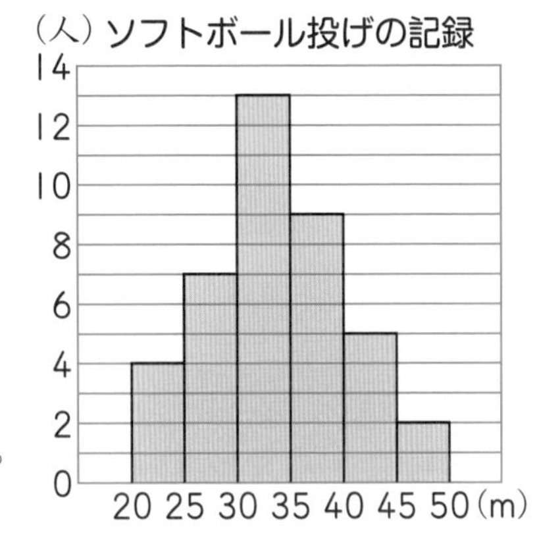

7 たくまさんは毎月250円ずつ，兄さんは毎月400円ずつ貯金することにしました。2人の貯金の合計がちょうど5200円になるのは何か月後ですか。〔8点〕

式

答え（　　　　　）

8 リボン140cmを姉と妹で分けました。姉のリボンの長さの$\frac{1}{4}$は，妹のリボンの長さのちょうど$\frac{1}{3}$でした。姉と妹のリボンの長さはそれぞれ何cmですか。〔8点〕

式

答え（　　　　　）

9 つるとかめがあわせて16ぴきいます。足の数は全部で46本だそうです。つるは何わ，かめは何びきいますか。〔8点〕

式

答え（　　　　　）

発展テスト(1)

合計得点 ／100点

1 次の計算をしましょう。 (駿台学園中)〔1問 6点〕

① $4+\{6-(2+1)\}\times 3$　　② $4\times(1.8-1.3)\times 6$

2 次の□にあてはまる数を書きましょう。 〔1問 6点〕

① 小数第1位を四捨五入(ししゃごにゅう)すると5になる数で一番小さい数は □ です。 (公文国際学園中等部)

② 38.4を6.3でわった商の小数第2位の数字は □ です。 (女子聖学院中)

③ ある分数があります。分子と分母の和が114，約分すると$\frac{7}{12}$になります。この分数を求めると □ です。 (郁文館中)

④ たまお君のクラス □ 人のうち，兄弟のいる人数を調べたら34人でした。この人数はクラス全体の85%にあたります。 (多摩大学目黒中)

3 次の問いに答えましょう。 〔1問 8点〕

① A君は国語，算数，理科，社会の4科目のテストを受けました。国語，算数，理科の3科目の平均点は84点でした。社会が92点であったとき，4科目の平均点は何点ですか。 (桜美林中)

(　　　　)

② 国語，算数，理科，社会の試験がありました。国語は56点，理科は85点，社会は70点とりました。4科目の平均点が75点以上になるには算数は何点以上とらなければなりませんか。 (足立学園中)

(　　　　)

4 次の問いに答えましょう。〔1問　8点〕

① 右の図で，三角形ＡＢＣは辺ＡＢと辺ＡＣの長さが等しい二等辺三角形です。点Ｄは辺ＡＢ上の点，点Ｅは辺ＢＣの延長上の点です。㋐の角の大きさを求めましょう。（西武学園文理中）

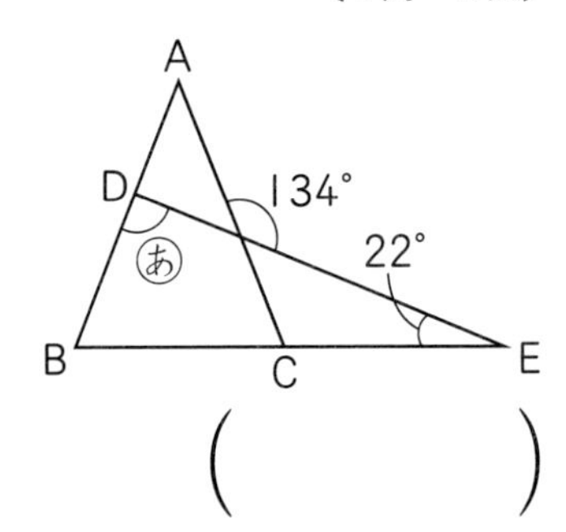

（　　　　）

② 右の図でＤＥ＝5cm，ＤＧ＝6cm のとき，三角形ＡＢＣの面積は何cm²ですか。（鎌倉女学院中）

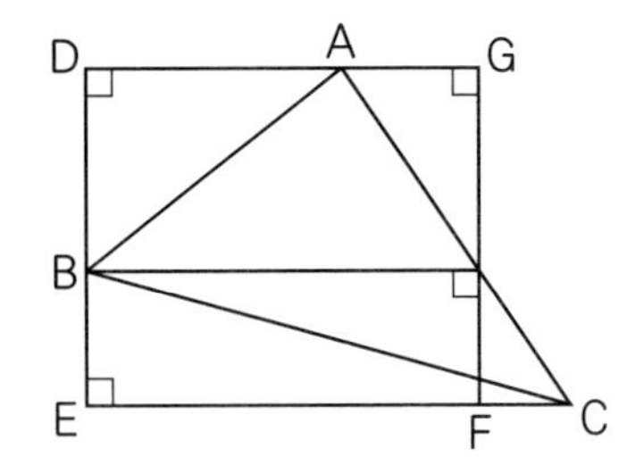

（　　　　）

5 ある中学校で生徒の通学時間を調べ，その割合（わりあい）を右の円グラフで表しました。ここで，1時間以上の人が104人いたとすると，30分以上1時間未満の人は何人ですか。（江戸川女子中）〔8点〕

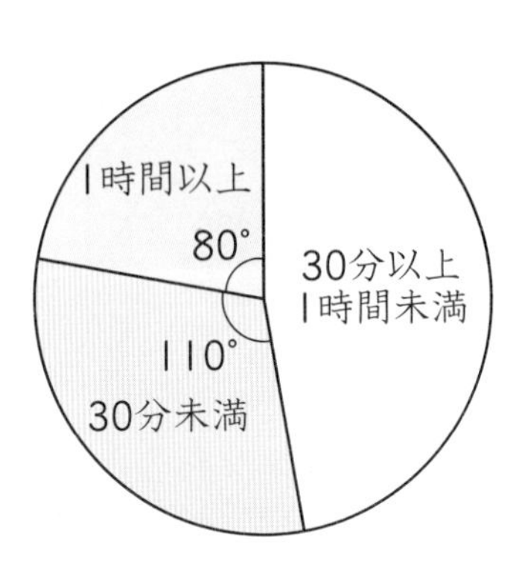

（　　　　）

6 弟は学校に行くために家を分速50ｍの速さで出発し，4分後に兄が分速70ｍの速さで追いかけました。次の問いに答えましょう。（帝京八王子中）〔1問　8点〕

① 4分後に弟は家から何ｍ先を歩いていますか。

② 兄は出発してから何分後に弟に追いつきますか。

（　　　　）

③ 追いついた地点は家から何ｍ離（はな）れたところですか。

（　　　　）

41 発展 目標時間 30分

発展テスト(2)

合計得点 ／100点

1 次の計算をしましょう。 （成蹊中）〔1問 8点〕

① $\{202-2\times(55-8)\}\div\{4+66\div(22+11)\}$

② $\frac{3}{8}+0.125\div\left(1\frac{7}{8}-1\frac{1}{4}\right)-0.3\times1.5+\frac{1}{2}$

2 次の□にあてはまる数を書きましょう。 （昭和女子大学附属昭和中）〔1問 8点〕

① 36を割ると6余り，54を割ると4余る数は□です。

② 8％の食塩水120gに水を□g加えると5％の食塩水ができます。

③ 時速18kmで走るマラソン選手が，ある橋をわたるのに24秒かかります。この橋の長さは□mです。

3 A駅から，東町行きのバスが14分おきに，西町行きのバスが12分おきに出発しています。朝7時ちょうどには，東町行きのバスと西町行きのバスがA駅を同時に出発します。朝7時から夜7時までの12時間の間に，東町行きのバスと西町行きのバスがA駅を同時に出発する時刻は，朝7時をふくめて全部で何回ありますか。

（西武学園文理中）〔12点〕

（　　　）

4

右のグラフは針金（はりがね）の長さと重さの関係をグラフに表したものです。これについて次の各問いに答えましょう。

（東海大学付属相模中）〔1問　8点〕

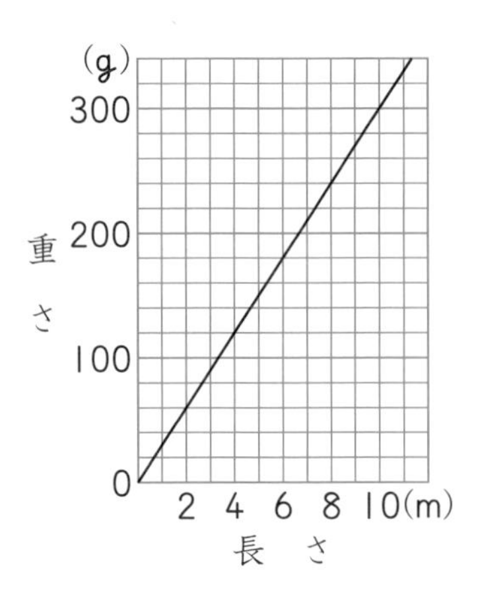

① この針金5mの重さは何gですか。

② この針金の値段は1kgにつき600円です。450円では何mの針金が買えるか求めましょう。

（　　　　）

5

次の図1は，サイコロの見取図です。1と3の位置と向きは図1のようになっています。このサイコロの目にかかれている数は，1，3，5，9，11，13であり，向かい合う2面の数の和はどれをとってもすべて等しくなります。次の問いに答えましょう。

（東洋英和女学院中学部）〔1問　8点〕

① 図1の見取図を展開（てんかい）すると，右の図2のようになります。向きも考えて3を書き入れましょう。

図1

図2

A　B

1

② 図2の展開図のAとBに入る数をかけたらいくつになりますか。

（　　　　）

6

A町とB町の間の距離（きょり）は1200mで，太郎君と次郎君がA町とB町を往復します。2人はA町を同時に出発し，太郎君は行きが分速60mで帰りが分速40mで歩き，次郎君は行き帰りともに分速50mで歩きます。このとき，次の問いに答えましょう。

（晃華学園中）〔1問　8点〕

① 太郎君の平均の速さは分速何mですか。

（　　　　）

② 太郎君と次郎君のどちらが先に何分早くA町にもどってきますか。

（　　　　）

答え　6年生

1　P.1-2　5年生の復習(1)

1 ①95.2　②30.55　③4.104

2 ①3.5　②1.4　③4.5

3 ①最大公約数…6，最小公倍数…36
②最大公約数…5，最小公倍数…60

4 ①6 cm　②50°

5 ①6　②2000000　③4.5　④3

6 ①式　7×8＝56　答え　56 cm^2
②式　12×7÷2＝42　答え　42 cm^2
③式　10×5÷2＋10×6÷2＝55
答え　55 cm^2

7 ①式　360÷8＝45　答え　45°
②式　(180－45)÷2＝67.5　答え　67.5°

8 ①3％　②2割1分5厘　③0.45　④0.068

9 式　1.75÷1.4＝1.25　答え　1.25 kg

10 式　$1\frac{3}{4}+1\frac{2}{5}=3\frac{3}{20}$

答え　$3\frac{3}{20}$ km $\left(\frac{63}{20}\text{ km}\right)$

2　P.3-4　5年生の復習(2)

1 ①$\frac{3}{8}$　②$\frac{2}{3}$　③$\frac{3}{5}$

2 ①$\frac{3}{7}$　②$1\frac{3}{5}\left(\frac{8}{5}\right)$　③$\frac{2}{3}$

3 ①0.6　②1.75　③$\frac{13}{100}$

4 ①$1\frac{1}{18}\left(\frac{19}{18}\right)$　②$3\frac{1}{2}\left(\frac{7}{2}\right)$　③$\frac{7}{15}$

④$1\frac{7}{12}\left(\frac{19}{12}\right)$

5 ①式　180－(45＋70)＝65，180－65＝115
答え　115°
②式　360－(90＋65＋85)＝120
答え　120°

6 式　10×16×5－5×5×5＝675
答え　675 cm^3

7 式　10×3.14÷2＋6×3.14÷2
＋4×3.14÷2＝31.4
答え　31.4 cm

8 ①46％　②23％　③約3倍

9 式　12×8.5＝102　答え　102 km

10 式　3.6 km＝3600 m，3600÷240＝15
答え　15分

11 式　300×(1＋0.15)＝345　答え　345円

3　基本テスト①　P.5-6　分数のかけ算

1 ①$\frac{4}{7}\times\frac{2}{3}=\frac{4\times2}{7\times3}=\frac{\boxed{8}}{\boxed{21}}$

②$\frac{2}{3}\times\frac{4}{5}=\frac{2\times\boxed{4}}{3\times\boxed{5}}=\frac{\boxed{8}}{\boxed{15}}$

③$\frac{5}{7}\times\frac{4}{3}=\frac{5\times\boxed{4}}{7\times\boxed{3}}=\frac{\boxed{20}}{\boxed{21}}$

2 ①$4\times\frac{2}{9}=\frac{\boxed{4}\times2}{9}=\frac{\boxed{8}}{9}$　②$\frac{7}{5}\times2=\frac{7\times\boxed{2}}{5}=\frac{\boxed{14}}{5}=2\frac{\boxed{4}}{5}$

3 ①$1\frac{2}{3}\times\frac{4}{7}=\frac{\boxed{5}}{3}\times\frac{4}{7}=\frac{\boxed{5}\times4}{3\times7}=\frac{\boxed{20}}{21}$

②$1\frac{1}{2}\times2\frac{1}{5}=\frac{\boxed{3}}{2}\times\frac{\boxed{11}}{5}$

$=\frac{\boxed{3}\times\boxed{11}}{2\times5}$

$=\frac{\boxed{33}}{10}$

$=\boxed{3}\frac{\boxed{3}}{10}$

4 ①$\frac{5}{6}\times\frac{7}{10}=\frac{\overset{\boxed{1}}{\cancel{5}}\times7}{6\times\underset{\boxed{2}}{\cancel{10}}}$

$=\frac{\boxed{7}}{\boxed{12}}$

②$\frac{4}{9}\times\frac{3}{10}=\frac{\overset{\boxed{2}}{\cancel{4}}\times\overset{\boxed{1}}{\cancel{3}}}{\underset{\boxed{3}}{\cancel{9}}\times\underset{\boxed{5}}{\cancel{10}}}$

$=\frac{\boxed{2}}{\boxed{15}}$

③$1\frac{1}{4}\times\frac{1}{5}=\frac{\boxed{5}}{4}\times\frac{1}{5}$

$=\frac{\overset{\boxed{1}}{\cancel{5}}\times1}{4\times\underset{\boxed{1}}{\cancel{5}}}$

$=\frac{\boxed{1}}{\boxed{4}}$

④$1\frac{1}{5}\times1\frac{1}{9}=\frac{\boxed{6}}{5}\times\frac{\boxed{10}}{9}$

$=\frac{\overset{\boxed{2}}{\cancel{6}}\times\overset{\boxed{2}}{\cancel{10}}}{\underset{\boxed{1}}{\cancel{5}}\times\underset{\boxed{3}}{\cancel{9}}}$

$=\frac{\boxed{4}}{\boxed{3}}$

$=\boxed{1}\frac{\boxed{1}}{\boxed{3}}$

⑤$1\frac{3}{7}\times2\frac{4}{5}=\frac{\boxed{10}}{7}\times\frac{\boxed{14}}{5}$

$=\frac{\overset{\boxed{2}}{\cancel{10}}\times\overset{\boxed{2}}{\cancel{14}}}{\underset{\boxed{1}}{\cancel{7}}\times\underset{\boxed{1}}{\cancel{5}}}$

$=\boxed{4}$

ポイント

★ 分数のかけ算は分子どうし，分母どうしをかけます。

★ 答えが仮分数になったときは，帯分数になおすと大きさがわかりやすくなります。仮分数のまま答えてもよいでしょう。

4 基本テスト② P.7-8 分数のかけ算

1 ①$2\times\frac{2}{5}=\frac{2}{\boxed{1}}\times\frac{2}{5}=\frac{\boxed{4}}{\boxed{5}}$

②$\frac{2}{7}\times3=\frac{2}{7}\times\frac{3}{\boxed{1}}=\frac{\boxed{6}}{\boxed{7}}$

2 ①$\frac{1}{2}\times\frac{1}{3}\times\frac{3}{4}=\frac{1\times1\times\overset{\boxed{1}}{\cancel{3}}}{2\times\underset{\boxed{1}}{\cancel{3}}\times4}$

$=\frac{\boxed{1}}{\boxed{8}}$

②$\frac{3}{4}\times\frac{1}{5}\times\frac{5}{9}=\frac{\overset{\boxed{1}}{\cancel{3}}\times1\times\overset{\boxed{1}}{\cancel{5}}}{4\times\underset{\boxed{1}}{\cancel{5}}\times\underset{\boxed{3}}{\cancel{9}}}$

$=\frac{\boxed{1}}{\boxed{12}}$

3 ①㋐<，㋑>

②(○でかこむもの)㋐小さく，㋑大きく

4 ①式　$4\div\boxed{3}=\boxed{\frac{4}{3}}$（または，$4\div\boxed{3}=\boxed{1\frac{1}{3}}$）

答え　$1\frac{1}{3}$倍（$\frac{4}{3}$倍）

②式　$\boxed{2}\div\boxed{3}=\boxed{\frac{2}{3}}$　答え　$\frac{2}{3}$倍

5 ①式　$10\times\boxed{\frac{4}{5}}=\boxed{8}$　答え　8m

②式　$10\times\boxed{\frac{6}{5}}=\boxed{12}$　答え　12m

6 ①60分　②$\boxed{60}\times\frac{2}{3}=\boxed{40}$　③40分

ポイント

★ (帯分数)×(帯分数)

帯分数のかけ算は，帯分数を仮分数になおして，真分数と同じように計算します。

★ 分数も小数と同じように，1より小さい数をかけると，積はかけられる数より小さくなります。

5 完成テスト P.9-10 分数のかけ算

1 ① $\frac{3}{20}$ ② $\frac{8}{63}$ ③ $\frac{2}{15}$ ④ $\frac{1}{6}$ ⑤ $3\frac{1}{3}\left(\frac{10}{3}\right)$

⑥ $\frac{14}{45}$ ⑦ $1\frac{1}{10}\left(\frac{11}{10}\right)$ ⑧ $3\frac{1}{2}\left(\frac{7}{2}\right)$

2 ① $\frac{1}{10}$ ② $\frac{8}{15}$ ③ $\frac{1}{2}$ ④ $1\frac{1}{6}\left(\frac{7}{6}\right)$

3 ① $<$ ② $>$

4 式 $\frac{2}{5}\times\frac{3}{8}=\frac{3}{20}$ 答え $\frac{3}{20}$kg

5 式 $\frac{5}{6}\times\frac{4}{5}=\frac{2}{3}$ 答え $\frac{2}{3}m^2$

6 式 $600\times1\frac{2}{5}=840$ 答え 840円

7 式 $1\frac{1}{4}\times\frac{3}{5}=\frac{3}{4}$ 答え $\frac{3}{4}$L

8 ① 15 ② 40

6 基本テスト① P.11-12 分数のわり算

1 ① $\frac{2}{7}\div\frac{3}{4}=\frac{2}{7}\times\frac{4}{3}$

$=\frac{\boxed{8}}{\boxed{21}}$

② $\frac{3}{5}\div\frac{2}{3}=\frac{3}{5}\times\frac{\boxed{3}}{2}$

$=\frac{\boxed{9}}{\boxed{10}}$

③ $\frac{3}{7}\div\frac{2}{5}=\frac{3}{7}\times\frac{\boxed{5}}{\boxed{2}}$

$=\frac{\boxed{15}}{\boxed{14}}=\boxed{1}\frac{\boxed{1}}{\boxed{14}}$

2 ① $4\div\frac{3}{7}=4\times\frac{7}{\boxed{3}}$

$=\frac{\boxed{28}}{\boxed{3}}=\boxed{9}\frac{\boxed{1}}{\boxed{3}}$

② $\frac{2}{7}\div3=\frac{2}{7\times\boxed{3}}$

$=\frac{2}{\boxed{21}}$

3 ① $1\frac{1}{4}\div\frac{2}{3}=\frac{\boxed{5}}{4}\div\frac{2}{3}$

$=\frac{\boxed{5}}{4}\times\frac{\boxed{3}}{2}$

$=\frac{\boxed{15}}{8}$

$=\boxed{1}\frac{\boxed{7}}{8}$

② $2\frac{1}{5}\div1\frac{1}{3}=\frac{\boxed{11}}{5}\div\frac{\boxed{4}}{3}$

$=\frac{\boxed{11}}{5}\times\frac{\boxed{3}}{\boxed{4}}$

$=\frac{\boxed{33}}{\boxed{20}}$

$=\boxed{1}\frac{\boxed{13}}{\boxed{20}}$

4 ① $\frac{5}{6}\div\frac{3}{4}=\frac{5}{\cancel{6}_{\boxed{3}}}\times\frac{\cancel{4}^{\boxed{2}}}{3}$

$=\frac{\boxed{10}}{\boxed{9}}$

$=\boxed{1}\frac{\boxed{1}}{\boxed{9}}$

② $\frac{3}{5}\div\frac{9}{10}=\frac{\cancel{3}^{\boxed{1}}}{\cancel{5}_{\boxed{1}}}\times\frac{\cancel{10}^{\boxed{2}}}{\cancel{9}_{\boxed{3}}}$

$=\frac{\boxed{2}}{\boxed{3}}$

③ $2\frac{1}{3}\div\frac{2}{3}=\frac{\boxed{7}}{3}\div\frac{2}{3}$

$=\frac{\boxed{7}}{\cancel{3}_{\boxed{1}}}\times\frac{\cancel{3}^{\boxed{1}}}{2}$

$=\frac{\boxed{7}}{\boxed{2}}$

$=\boxed{3}\frac{\boxed{1}}{\boxed{2}}$

④ $\frac{7}{12}\div1\frac{3}{4}=\frac{7}{12}\div\frac{\boxed{7}}{4}$

$=\frac{\overset{\boxed{1}}{\cancel{7}}}{\underset{\boxed{3}}{\cancel{12}}}\times\frac{\overset{\boxed{1}}{\cancel{4}}}{\underset{\boxed{1}}{\cancel{7}}}$

$=\frac{\boxed{1}}{\boxed{3}}$

⑤ $1\frac{5}{9}\div2\frac{2}{3}=\frac{\boxed{14}}{9}\div\frac{\boxed{8}}{3}$

$=\frac{\overset{\boxed{7}}{\cancel{14}}}{\underset{\boxed{3}}{\cancel{9}}}\times\frac{\overset{\boxed{1}}{\cancel{3}}}{\underset{\boxed{4}}{\cancel{8}}}$

$=\frac{\boxed{7}}{\boxed{12}}$

7 基本テスト② P.13-14 分数のわり算

1 ① $4\div\frac{3}{7}=\frac{4}{\boxed{1}}\div\frac{3}{7}$

$=\frac{4}{\boxed{1}}\times\frac{7}{\boxed{3}}$

$=\frac{28}{\boxed{3}}$

$=\boxed{9}\frac{\boxed{1}}{\boxed{3}}$

② $\frac{4}{5}\div3=\frac{4}{5}\div\frac{3}{\boxed{1}}$

$=\frac{4}{5}\times\frac{\boxed{1}}{\boxed{3}}$

$=\frac{\boxed{4}}{\boxed{15}}$

2 ① $\frac{3}{7}\div\frac{4}{7}\times\frac{5}{6}=\frac{\overset{\boxed{1}}{\cancel{3}}\times\overset{\boxed{1}}{\cancel{7}}\times5}{\underset{\boxed{1}}{\cancel{7}}\times4\times\underset{\boxed{2}}{\cancel{6}}}$

$=\frac{\boxed{5}}{\boxed{8}}$

② $\frac{5}{7}\times\frac{2}{3}\div\frac{2}{7}=\frac{5\times\overset{\boxed{1}}{\cancel{2}}\times\overset{\boxed{1}}{\cancel{7}}}{\underset{\boxed{1}}{\cancel{7}}\times3\times\underset{\boxed{1}}{\cancel{2}}}$

$=\frac{\boxed{5}}{\boxed{3}}=\boxed{1}\frac{\boxed{2}}{\boxed{3}}$

③ $\frac{3}{7}\div\frac{2}{3}\div\frac{3}{4}=\frac{\overset{\boxed{1}}{\cancel{3}}\times3\times\overset{\boxed{2}}{\cancel{4}}}{7\times\underset{\boxed{1}}{\cancel{2}}\times\underset{\boxed{1}}{\cancel{3}}}$

$=\frac{\boxed{6}}{\boxed{7}}$

④ $\frac{4}{7}\div\frac{4}{9}\div\frac{3}{14}=\frac{\overset{\boxed{1}}{\cancel{4}}\times\overset{\boxed{3}}{\cancel{9}}\times\overset{\boxed{2}}{\cancel{14}}}{\underset{\boxed{1}}{\cancel{7}}\times\underset{\boxed{1}}{\cancel{4}}\times\underset{\boxed{1}}{\cancel{3}}}$

$=\boxed{6}$

3 ①あ>，い<

②(○でかこむもの)㋐大きく，㋑小さく

4 ① 式 $8\div\boxed{\frac{4}{3}}=\boxed{6}$ 答え 6m

② 式 $8\div\boxed{\frac{2}{3}}=\boxed{12}$ 答え 12m

5 ①あ $\frac{3}{2}$，い $\frac{4}{5}$，う5 ②逆数

ポイント

★ (帯分数)÷(帯分数)
帯分数のわり算は，帯分数を仮分数になおして，真分数と同じように計算します。

★ 分数も小数と同じように，1より小さい数でわると，その商はわられる数より大きくなります。

★・2つの数の積が1になるとき，一方の数を，他方の数の逆数といいます。
・分数の逆数は，分母と分子を入れかえた分数です。
〈例〉$\frac{3}{2}$の逆数は$\frac{2}{3}$，$\frac{2}{3}$の逆数は$\frac{3}{2}$

8 完成テスト P.15-16 分数のわり算

1 ① $\frac{5}{12}$ ② $1\frac{1}{9}\left(\frac{10}{9}\right)$ ③ $\frac{4}{5}$ ④ $1\frac{1}{3}\left(\frac{4}{3}\right)$

⑤ $6\frac{3}{4}\left(\frac{27}{4}\right)$ ⑥ $\frac{3}{4}$ ⑦ $4\frac{1}{5}\left(\frac{21}{5}\right)$ ⑧ $\frac{2}{3}$

2 ① $4\frac{2}{3}\left(\frac{14}{3}\right)$ ② $\frac{3}{4}$

3 ①> ②<

4 ① $\frac{7}{3}$ ②8 ③ $\frac{7}{9}$ ④ $\frac{1}{6}$ ⑤ $\frac{3}{4}$ ⑥ $\frac{10}{7}$

5 式 $\frac{3}{4}\div\frac{3}{16}=4$ 答え 4本

6 式 $1\frac{3}{4}\div\frac{7}{12}=3$ 答え 3ふくろ

7 式 $32\div\frac{8}{15}=60$ 答え 60kg

8 式 $\frac{4}{5}\div\frac{2}{3}=1\frac{1}{5}$ 答え $1\frac{1}{5}$L $\left(\frac{6}{5}\text{L}\right)$

9 基本テスト P.17-18 分数と小数，整数

1 ① $\frac{4}{7}\times0.3=\frac{4}{7}\times\frac{\boxed{3}}{10}$

$=\frac{\overset{\boxed{2}}{\cancel{4}}\times\boxed{3}}{7\times\underset{\boxed{5}}{\cancel{10}}}$

$=\frac{\boxed{6}}{\boxed{35}}$

② $0.8\div\frac{2}{3}=\frac{\boxed{8}}{10}\div\frac{2}{3}$

$=\frac{\boxed{8}}{10}\times\frac{\boxed{3}}{2}$

$=\frac{\overset{\boxed{2}}{\cancel{\overset{4}{\cancel{8}}}}\times\boxed{3}}{\underset{\boxed{5}}{\cancel{10}}\times\underset{\boxed{1}}{\cancel{2}}}$

$=\frac{\boxed{6}}{\boxed{5}}=\boxed{1}\frac{\boxed{1}}{\boxed{5}}$

③ $0.7\times\frac{2}{3}\div2\frac{1}{3}=\frac{\boxed{7}}{10}\times\frac{2}{3}\div\frac{\boxed{7}}{3}$

$=\frac{\boxed{7}}{10}\times\frac{2}{3}\times\frac{3}{\boxed{7}}$

$=\frac{\overset{\boxed{1}}{\cancel{7}}\times\overset{\boxed{1}}{\cancel{2}}\times\overset{\boxed{1}}{\cancel{3}}}{\underset{\boxed{5}}{\cancel{10}}\times\underset{\boxed{1}}{\cancel{3}}\times\underset{\boxed{1}}{\cancel{7}}}$

$=\frac{\boxed{1}}{\boxed{5}}$

2 ① $1.3\div0.7=\frac{\boxed{13}}{10}\div\frac{\boxed{7}}{10}$

$=\frac{\boxed{13}}{10}\times\frac{10}{\boxed{7}}$

$=\frac{\boxed{13}\times\overset{\boxed{1}}{\cancel{10}}}{\underset{\boxed{1}}{\cancel{10}}\times\boxed{7}}$

$=\frac{\boxed{13}}{\boxed{7}}=\boxed{1}\frac{\boxed{6}}{\boxed{7}}$

② $0.9\times5\div2.7=\frac{\boxed{9}}{10}\times\frac{5}{\boxed{1}}\div\frac{\boxed{27}}{10}$

$=\frac{\boxed{9}}{10}\times\frac{5}{\boxed{1}}\times\frac{10}{\boxed{27}}$

$=\frac{\overset{\boxed{1}}{\cancel{9}}\times5\times\overset{\boxed{1}}{\cancel{10}}}{\underset{\boxed{1}}{\cancel{10}}\times1\times\underset{\boxed{3}}{\cancel{27}}}$

$=\frac{\boxed{5}}{\boxed{3}}=\boxed{1}\frac{\boxed{2}}{\boxed{3}}$

3 式 $6\times\left(1+\boxed{\frac{1}{3}}\right)=\boxed{8}$ 答え 8m

4 式 $6\times\left(1-\boxed{\frac{1}{3}}\right)=\boxed{4}$ 答え 4m

10 完成テスト P.19-20 分数と小数，整数

1 ① $2\frac{1}{4}\left(\frac{9}{4}\right)$ ② 1 ③ $\frac{1}{5}$ ④ $4\frac{1}{3}\left(\frac{13}{3}\right)$

2 ① $1\frac{1}{2}\left(\frac{3}{2}\right)$ ② $2\frac{1}{3}\left(\frac{7}{3}\right)$ ③ $\frac{7}{9}$

④ $3\frac{1}{2}\left(\frac{7}{2}\right)$

3 式 $1.8\times1\frac{2}{3}=3$ 答え 3dL

4 式 $1.5\div\frac{1}{4}=6$ 答え 6つ

5 式 $45\div60=\frac{3}{4}$

$2.1\div\frac{3}{4}=2\frac{4}{5}$ 答え $2\frac{4}{5}\text{m}^2\left(\frac{14}{5}\text{m}^2\right)$

6 式 $32\times\left(1+\frac{1}{4}\right)=40$ 答え 40kg

7 式 $240\times\left(1-\frac{1}{8}\right)=210$ 答え 210人

11 基本テスト P.21-22 線対称と点対称

1 ①重なる　②線対称　③対称の軸

2 ①点D　②辺DC　③角C

3 ①90°　②90°　③等しくなっている
④等しくなっている

4 ①重なる　②点対称　③対称の中心

5 ①点D　②辺DC　③角E

6 ①通る　②通る　③等しくなっている
④等しくなっている

ポイント

★・1つの直線を折りめとして折ったとき，両側の部分が重なりあう図形を，**線対称**な図形といいます。

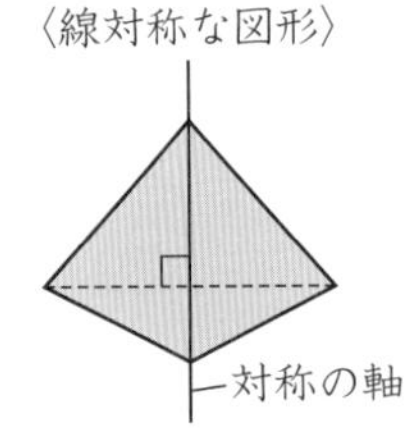

・線対称な図形では，対応する点をつなぐ直線は，**対称の軸**と垂直に交わります。また，対称の軸と交わる点から対応する点までの長さは，等しくなっています。

★・1つの点を中心として180°回転したとき，もとの図形に重なりあう図形を**点対称**な図形といいます。

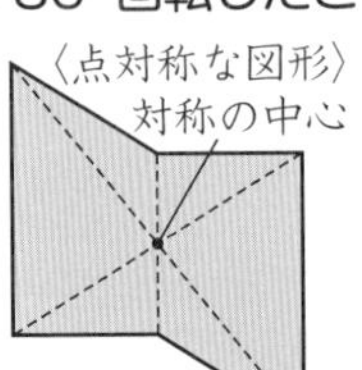

・点対称な図形では，対応する点をつなぐ直線は，**対称の中心**を通ります。また，対称の中心から対応する点までの長さは，等しくなっています。

12 完成テスト P.23-24 線対称と点対称

1 ①辺AG　②角G　③90°　④直線IF

2 ①辺GH　②点O　③直線OE

3 ①

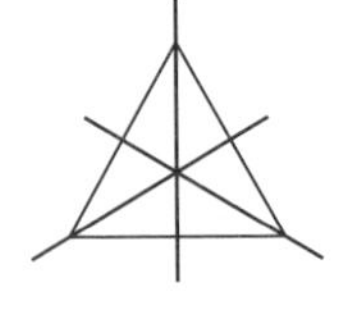

②

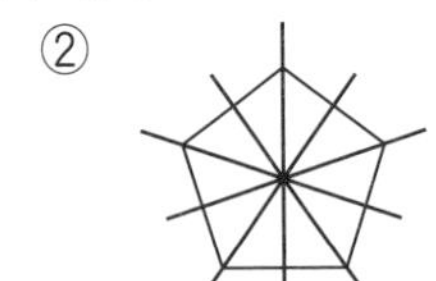

4 ①，②右の図

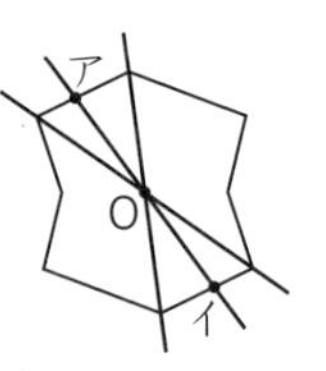

5 ①㋑，㋔　②㋒　③㋐，㋓

6 ①

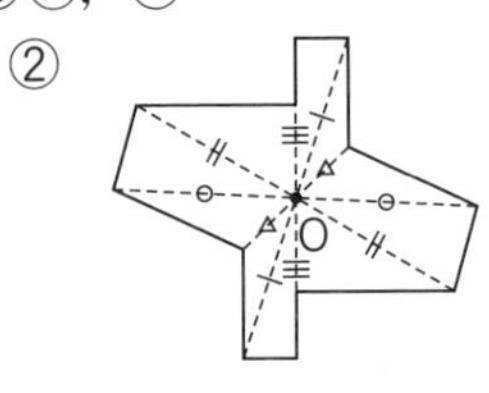

②

13 基本テスト P.25 文字と式

1 ①□×6　②x×6

2 x＋30

3 ①x×[3]＝y
②㋐9　㋑12　㋒15

ポイント

x（エックス）やy（ワイ）などの文字を使って式に表します。xとyの関係を式に表せば，xの値をあてはめるとyの値を求めることができます。

14 完成テスト P.26 文字と式

1 ①x×4＝300　②200＋x＝y
③x－y＝4　④x÷5＝y

2 ①x×5＋40＝y　②490円　③70

15 基本テスト① P.27-28 比

1 ①[3]：[4]　②[4]：[7]

2 ①2：3　②$\frac{2}{3}$　③2÷3＝$\frac{[2]}{[3]}$

3 ①2.5　②3÷[2.5]＝[1.2]

4 ①$\frac{3}{4}$　②$\frac{1}{2}$÷$\frac{[3]}{[4]}$＝$\frac{[2]}{[3]}$

5 ①6：8　②3：4　③6：8＝[3]：[4]
④㋐6：8＝$\frac{6}{[8]}$＝$\frac{[3]}{[4]}$，㋑3：4＝$\frac{[3]}{[4]}$
⑤いえる

ポイント

★ 比 $a:b$ の比の値は，$a \div b$ で求めます。比の値が同じ数になる比があるとき，これらの比は等しいといいます。

16 基本テスト② P.29-30 比

1 ①2 ②10

2 ①3 ②4

3 ①4 ②(左から)4，3

4 ①10 ②2 ③(左から)2，3

5 ①6 ②(左から)$\frac{2}{6}$，$\frac{3}{6}$ ③6

④(左から)2，3

ポイント

★ 比の前の数と後の数に0でない同じ数をかけても，0でない同じ数でわっても，もとの比と等しい比になります。

★ 1つの比を，それと等しい比で，できるだけ小さい整数の比になおすことを，比をかんたんにするといいます。

① 小数の比は，10倍，100倍，……とすれば，整数の比になおすことができます。

② 分数の比は，

・分母が等しいときは，分子の比になおす。

・分母がちがうときは，通分して分子の比になおす。

17 完成テスト P.31-32 比

1 ①$\frac{3}{8}$ ②$\frac{2}{3}$ ③3 ④0.75 $\left(\text{または，}\frac{3}{4}\right)$

⑤$1\frac{1}{3}$ $\left(\frac{4}{3}\right)$ ⑥$1\frac{1}{5}$ $\left(\frac{6}{5}\right)$

2 2：5，12：30

3 ①2：3 ②9：7 ③3：2 ④3：5

⑤6：5 ⑥2：3

4 ①20 ②3

5 7：6

6 式 $36 \times \frac{3}{4} = 27$（または，$3:4 = x:36$，$x = 27$） 答え 27cm

7 式 $40 \times \frac{6}{5} = 48$（または，$5:6 = 40:x$，$x = 48$） 答え 48まい

8 式 $1000 \times \frac{3}{5} = 600$ 答え 600円

9 式 $2:5 = x:1500$，$x = 600$

答え 600円

18 基本テスト① P.33-34 拡大図と縮図

1 ①拡大図 ②縮図

2 ①辺AB…辺DE，辺BC…辺EF，辺CA…辺FD

②角A…角D，角B…角E，角C…角F

③1：2 ④等しくなっている

⑤等しくなっている ⑥2倍 ⑦$\frac{1}{2}$

3 ①辺AB…8めもり，辺BC…12めもり

②(拡大図)(例)

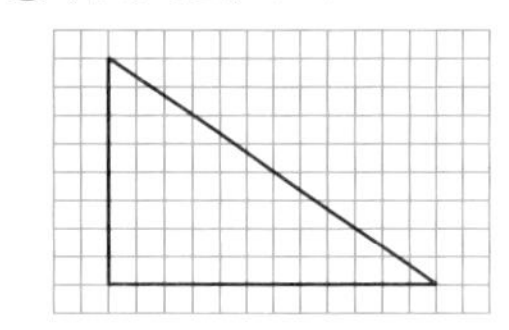

③辺AB…2めもり，辺BC…3めもり

④(縮図)(例)

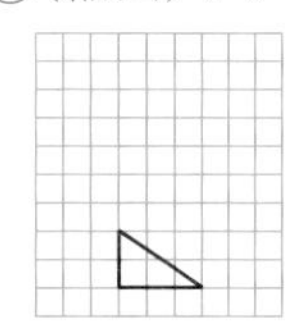

4 ①6cm ②45° ③4cm

④

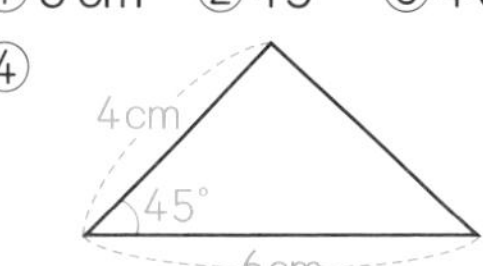

ポイント

★ 形を変えないで，図形のどの部分の長さも同じ割合（わりあい）でのばした図を，もとの図の**拡大図**（かくだいず）といいます。
　また，形を変えないで，図形のどの部分の長さも同じ割合でちぢめた図を，もとの図の**縮図**（しゅくず）といいます。

★ 拡大図や縮図ともとの形とは，対応する辺の長さの比はどれも等しく，対応する角の大きさもそれぞれ等しくなっています。

19 基本テスト② P.35-36 拡大図（かくだいず）と縮図（しゅくず）

1 ① 3cm　② 角B…60°，角C…40°

③

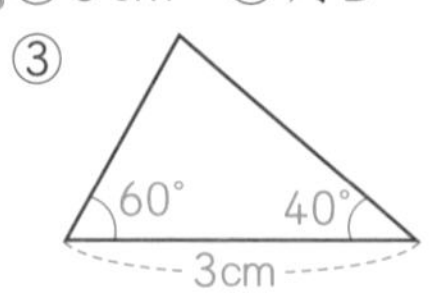

2 ① 2倍　②

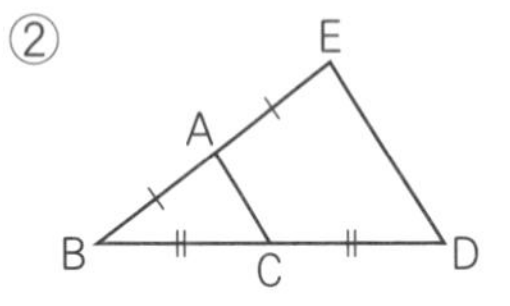

3 ① 2cm　②

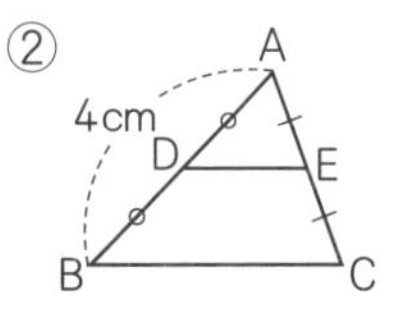

4 ① 100000cm　② $\frac{1}{20000}$　③ 縮尺

④ 1：20000

5 ①　A 5.2cm 40° B C 4cm　② 約5.2cm

③ 式 5.2×200＝1040，1040cm＝10.4m

答え 約10.4m

ポイント

★ 実際の長さをちぢめた割合（わりあい）を縮尺（しゅくしゃく）といいます。

縮尺＝縮図上の長さ÷実際の長さ

20 完成テスト P.37-38 拡大図（かくだいず）と縮図（しゅくず）

1 ① お　② か

2 ① 3倍　② 12cm　③ 55°

3 ① $\frac{1}{2}$　② 3cm　③ 99°〔角Fは角Aと同じ大きさで，540－(90＋125＋90＋136)＝99〕

4

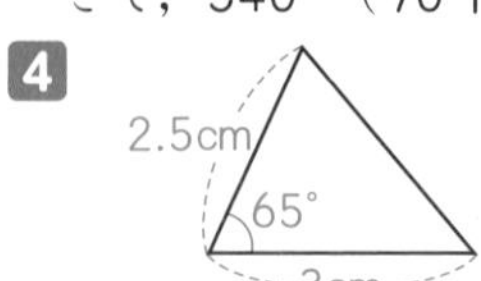

5

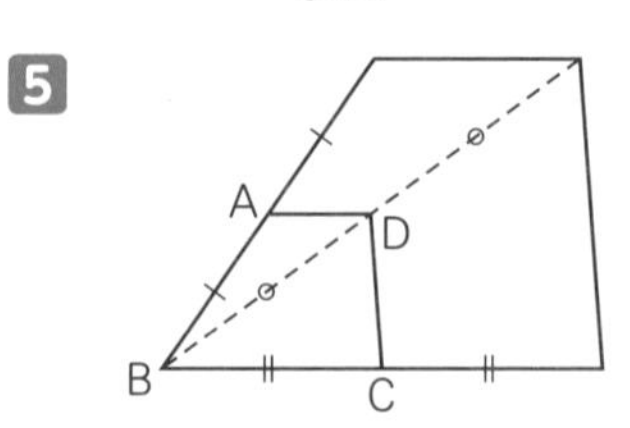

6 式 6.4×50000＝320000
320000cm＝3.2km

答え 3.2km

7 $\left(\frac{1}{500}\text{の縮図}\right)$

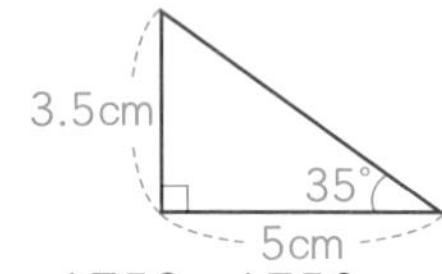

式 3.5×500＝1750，1750cm＝17.5m

答え 約17.5m

21 基本テスト P.39-40 比　例

1 ① ア…2，イ…3

② 2分から4分のとき…2倍
　2分から6分のとき…3倍

③ 比例する

2 ① $\frac{1}{2}$　② 9cm　③ $\frac{3}{2}\left(1\frac{1}{2}\right)$倍　④ 27cm

3 ① あ2，い2，う2，え2　② 2倍　③ 2

4 ① 3　②

③ 直線

④ 通る

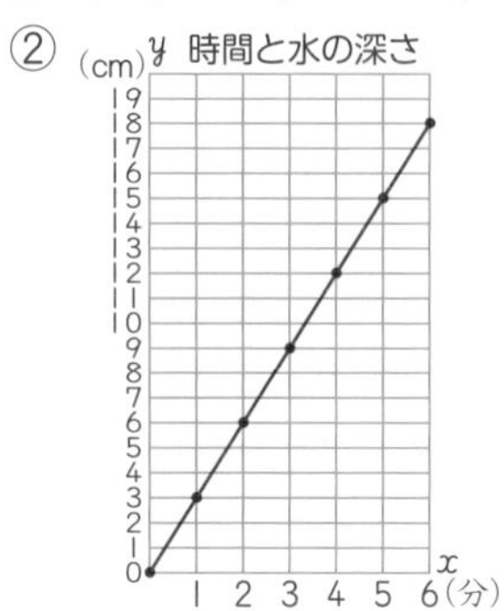

ポイント

★ x（エックス）の値（あたい）が2倍，3倍，……になると，それに対応するy（ワイ）の値も2倍，3倍，……になるとき，yはxに**比例する**といいます。

★ yがxに比例するとき，xとyは次のような式で表すことができます。

y＝(決まった数)×x

★ 比例するxとyの関係を表すグラフは，0の点を通る直線になります。

22 完成テスト P.41-42 比 例

1 ㋐，㋓，㋔

2 ① 比例する　②(あ)16，(い)24，(う)28

③$y=4\times x$（または，$y\div x=4$）

3 ①$y=150\times x$　②$y=40\times x$

③$y=3\times x$（または，$y=x\times 3$）

4 ①$y=0.2\times x$（または，$y\div x=0.2$）　②

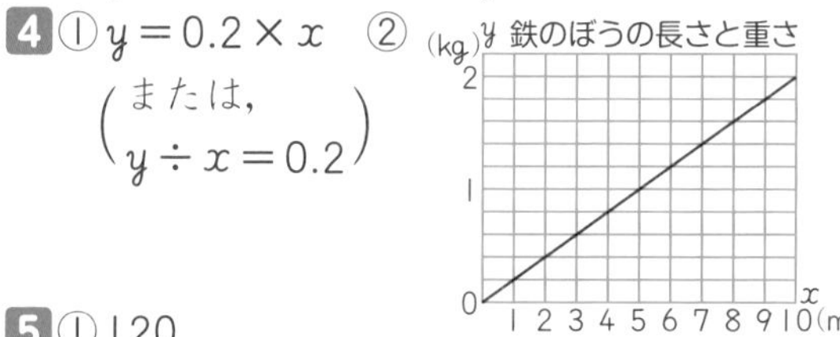

5 ① 120

②$y=120\times x$（または，$y\div x=120$）

③ **式** $120\times 15=1800$　**答え** 1800円

6 **式** $600\div 120=5$，$750\times 5=3750$

（または，$750\div 120=6.25$
$6.25\times 600=3750$）

答え 3750円

23 基本テスト P.43-44 反比例

1 ①ア…$\frac{1}{2}$，イ…$\frac{1}{3}$

②2mから4mのとき…$\frac{1}{2}$

2mから6mのとき…$\frac{1}{3}$

③ 反比例する

2 ①$\frac{1}{2}$　②8cm　③$\frac{1}{3}$　④12cm

3 ①(あ)12，(い)12，(う)12，(え)12　②12

③(左から)12，12

4 ①24　②

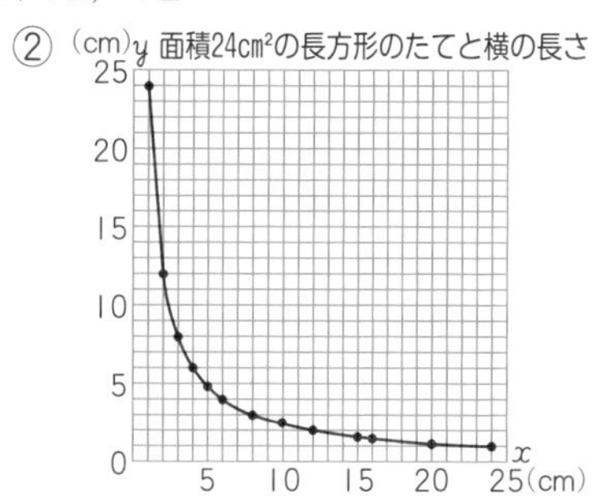

ポイント

★ x（エックス）の値（あたい）が2倍，3倍，……になると，それに対応するy（ワイ）の値が$\frac{1}{2}$，$\frac{1}{3}$，……になるとき，yはxに**反比例する**といいます。

★ yがxに反比例するとき，xとyは次のような式で表すことができます。

y＝(決まった数)÷x

★ 反比例するxとyの関係を表すグラフは右のようになります。

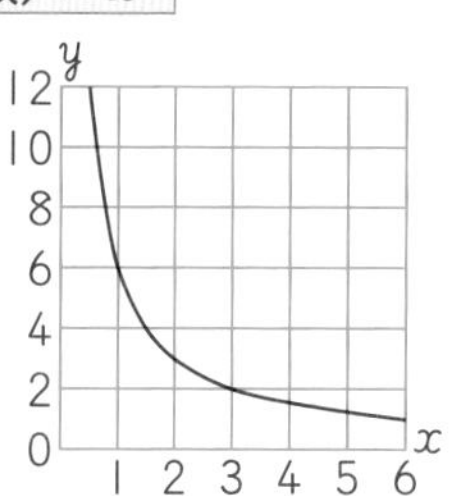

24 完成テスト P.45-46 反比例

1 ㋐，㋒，㋓

2 ① 反比例する

②(あ)4，(い)3，(う)$\frac{12}{5}$（または2.4），(え)2

③$y=12\div x$（または$x\times y=12$）

3 ①$y=200\div x$

②$y=30\div x$　③$y=90\div x$

4 ①△，$y=18\div x$（または，$x\times y=18$）

②×

③○，$y=1.5\times x$（または，$y\div x=1.5$）

5 式　$6\times 20=120$，$120\div 8=15$

$\left(\text{または，} 8\div 6=\frac{4}{3},\ 20\times\frac{3}{4}=15\right)$

答え　15日間

6 式　$60\times\frac{3}{4}=45$，$45\div 90=\frac{1}{2}$

$\left(\text{または，} 90\div 60=\frac{3}{2},\ \frac{3}{4}\times\frac{2}{3}=\frac{1}{2}\right)$

答え　$\frac{1}{2}$時間

7 式　$8\times 12=96$，$96\div 6=16$

$\left(\text{または，} 6\div 8=\frac{3}{4},\ 12\times\frac{4}{3}=16\right)$

答え　16cm

25 基本テスト P.47-48 円の面積

1 ①[3]×[3]×3.14＝[28.26]　②28.26cm²

2 ①$\frac{1}{2}$

②式　[4]×[4]×3.14÷[2]＝[25.12]

答え　25.12cm²

3 ①$\frac{1}{4}$

②式　[4]×[4]×3.14÷[4]＝[12.56]

答え　12.56cm²

4 ①式　$4\div 2=2$

$2\times 2\times 3.14\div 2\times 2=12.56$

答え　12.56cm²

②式　$3\times 4=12$　答え　12cm²

③式　$12.56+12=24.56$

答え　24.56cm²

5 ①式　$6\times 6=36$　答え　36cm²

②式　$3\times 3\times 3.14=28.26$

答え　28.26cm²

③式　$36-28.26=7.74$　答え　7.74cm²

ポイント

★ 円の面積

半径×半径×円周率(3.14)

26 完成テスト P.49-50 円の面積

1 ①式　$5\times 5\times 3.14=78.5$

答え　78.5cm²

②式　$14\div 2=7$，$7\times 7\times 3.14=153.86$

答え　153.86cm²

2 ①式　$3\times 3\times 3.14\div 2=14.13$

答え　14.13cm²

②式　$8\div 2=4, 4\times 4\times 3.14\div 2=25.12$

答え　25.12cm²

3 ①式　$8\times 8\times 3.14\div 4=50.24$

答え　50.24cm²

②式　$10\times 10\times 3.14\div 4=78.5$

答え　78.5cm²

4 ①式　$4\div 2=2$

$4\times 4\times 3.14-2\times 2\times 3.14$

$=37.68$

答え　37.68cm²

②式　$20\div 2=10$，$10\div 2=5$

$10\times 10\times 3.14\div 2-5\times 5\times 3.14$

$=78.5$

答え　78.5cm²

③式　$20\div 2=10$

$20\times 20-10\times 10\times 3.14=86$

答え　86cm²

④式　$12\div 2=6$

$12\times 12\times 3.14\div 4-6\times 6\times 3.14\div 2$

$=56.52$

答え　56.52cm²

5 式　$12\div 2=6$

$12\times 12+6\times 6\times 3.14\times 2=370.08$

答え　370.08m²

27 基本テスト P.51-52 立体の体積

1 ①式　$2\times 3=6$　答え　6cm²

②6cm³　③同じ

④式　[6]×[4]＝[24]　答え　24cm³

2 ①式　$3\times 2\div 2=3$　答え　3cm²

②式　[3]×[4]＝[12]　答え　12cm³

3 ①式　$2\times 2\times 3.14=12.56$

答え　12.56cm²

②式　12.56 × 4 ＝ 50.24

答え　50.24 cm³

4 ①式　(3＋6)×4÷2×5＝90

答え　90 cm³

②式　2×2×3.14÷2×5＝31.4

答え　31.4 cm³

ポイント

★ 角柱・円柱の体積

底面積×高さ

28 完成テスト P.53-54 立体の体積

1 ①式　15×6＝90　答え　90 cm³

②式　18×8＝144　答え　144 cm³

2 ①式　6×9÷2×8＝216　答え　216 cm³

②式　10×3÷2×8＝120

答え　120 cm³

③式　(6＋10)×5÷2×6＝240

答え　240 cm³

④式　5×5×3.14×8＝628

答え　628 cm³

3 式　4÷2＝2

2×2×3.14÷2×10＋3×4×10

＝182.8

答え　182.8 cm³

4 式　(6＋12)×4÷2＝36

36×10＝360

答え　360 cm³

5 式　8×6÷2＝24，120÷24＝5

答え　5 cm

29 基本テスト P.55-56 場合の数

1 ①ひろと－みさき－(たけし)

ひろと－(たけし)－(みさき)

②みさき－ひろと－(たけし)

みさき－(たけし)－(ひろと)

③たけし－ひろと－(みさき)

たけし－(みさき)－(ひろと)

2 ①(上から)4，2，3，2

②6とおり　③3…6とおり，4…6とおり

④24とおり

3 ①だいち－(ゆうき)

だいち－(そうた)

②ゆうき－そうた

4 ①赤－(青)　赤－(黄)　赤－(白)

②青－(黄)　青－(白)

③黄－(白)　④残っていない　⑤6とおり

30 完成テスト P.57-58 場合の数

1 102，120，201，210

2 24とおり

3 12とおり

4 18とおり

5 8とおり

6 東－西，東－南，東－北，西－南，西－北，南－北

7 10とおり

8 15円，55円，105円，60円，110円，150円

9 12とおり

31 基本テスト P.59-60 データの調べ方(1)

1 ①式　(57＋63＋54＋60＋62＋55)÷6

＝58.5

答え　58.5 g

②式　(62＋60＋57＋58＋58)÷5＝59

答え　59 g

③今週

2 ①3人　②7人

3 ①式　(5＋10＋12＋4＋15＋7＋11＋14＋3＋7＋7＋12＋14＋20＋8＋13＋12＋10＋12＋18)÷20＝10.7

答え　10.7さつ

②

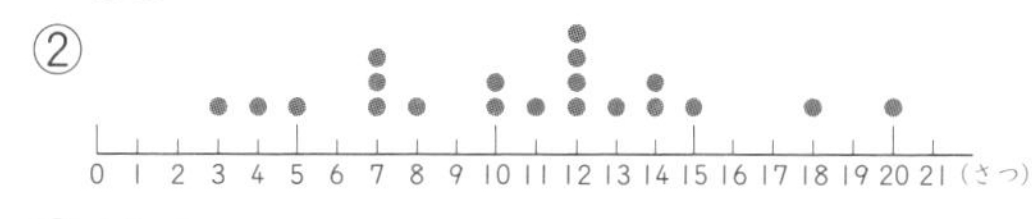

③12さつ

4 ①11点　②10点

32 完成テスト P.61-62 データの調べ方(1)

1 式 〈Aグループ〉
(8.9＋9.0＋8.7＋9.2＋8.8＋9.1)÷6
＝8.95
〈Bグループ〉
(9.3＋8.6＋8.7＋9.1＋9.3)÷5＝9
答え Aグループ

2 ①式 (2＋3＋3＋3＋4＋4＋4＋4＋5＋5＋6＋6＋6＋7＋7＋8＋9＋11＋13＋14)÷20＝6.2
答え 6.2時間
②4時間 ③5.5時間

3 ①式 (10＋6＋14＋17＋3＋14＋17＋7＋15＋12＋14＋9)÷12＝11.5
答え 11.5点
②式 (8＋10＋12＋16＋10＋17＋5＋14＋8＋16＋6＋18＋16)÷13＝12
答え 12点
③

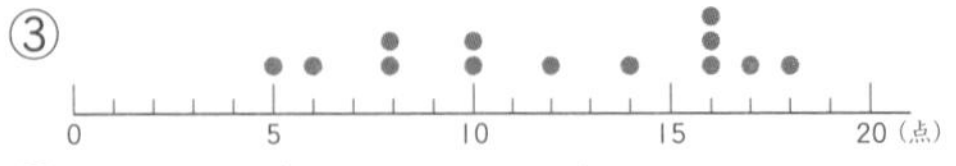

④1組…14点 2組…16点
⑤2組 ⑥1組

33 基本テスト P.63-64 データの調べ方(2)

1 ①度数分布表 ②5m
③30m以上35m未満 ④㋓

2 ① 通学時間

時間(分)	人数(人)
5以上～10未満	3
10 ～ 15	7
15 ～ 20	5
20 ～ 25	2
25 ～ 30	1
合 計	18

②10分以上15分未満 ③3人

3 ①ヒストグラム(柱状グラフ)
②20m以上45m未満
③4人 ④30m以上35m未満

4

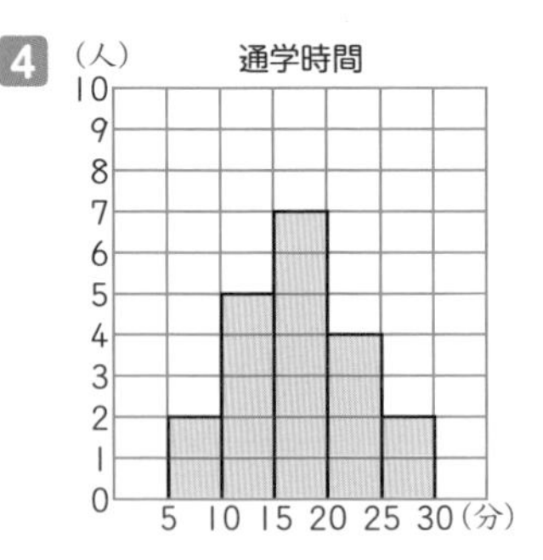

5 ①式 92÷100＝0.92
1650÷1800＝0.9166…
答え 1組…92%，全体…91.7%
②いえる

34 完成テスト P.65-66 データの調べ方(2)

1 ①30人 ②140cm以上145cm未満
③4人 ④12人 ⑤135cm以上140cm未満
⑥7番目から12番目
⑦式 6÷30＝0.2 答え 20%
⑧㋑，㋒

2 ソフトボール投げの記録

投げたきょり(m)	人数(人)
15以上～20未満	1
20 ～25	3
25 ～30	6
30 ～35	8
35 ～40	4
40 ～45	2
合 計	24

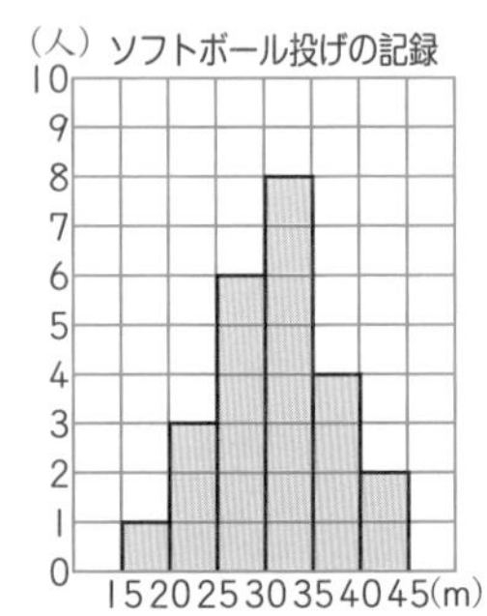

3 ①式 138÷150＝0.92 答え 92%
②式 500×0.92＝460 答え 460つぶ

35 完成テスト P.67-68 いろいろな問題(1)

1 式 2100÷(72＋68)＝15
答え 15分後

2 式 1.8km＝1800m
1800÷(250－130)＝15
答え 15分後

3 式 2000÷(3＋2)＝400
400×3＝1200，400×2＝800
答え 兄…1200円，弟…800円

4 式　(800 − 50) ÷ 3 = 250
250 × 2 + 50 = 550
答え　兄…550円，弟…250円

5 式　(2000 + 100) ÷ 3 = 700
700 × 2 − 100 = 1300
答え　姉…1300円，妹…700円

6 式　$3\frac{3}{4}\times\left(1+\frac{1}{3}\right)=5$　答え　5m

7 式　$145\times\left(1+\frac{1}{5}\right)=174$　答え　174cm

8 式　$4\frac{1}{2}\times\left(1-\frac{1}{3}\right)=3$　答え　3m

9 式　$2.4\times\left(1-\frac{1}{6}\right)=2$　答え　2L

36 完成テスト P.69-70　いろいろな問題(2)

1 ①$\frac{1}{6}$

②式　$\frac{1}{6}+\frac{1}{12}=\frac{1}{4}$　答え　$\frac{1}{4}$

③式　$1\div\frac{1}{4}=4$　答え　4日

2 式　$\frac{1}{30}+\frac{1}{20}=\frac{1}{12}$，$1\div\frac{1}{12}=12$
答え　12分

3 式　$\frac{1}{8}+\frac{1}{12}+\frac{1}{24}=\frac{1}{4}$，$1\div\frac{1}{4}=4$
答え　4日

4 式　4 × 12 − 34 = 14，14 ÷ (4 − 2) = 7
12 − 7 = 5
答え　つる…7わ，かめ…5ひき

> 12ひき全部がかめと考えると，4×12=48，
> 48−34=14　実際の足の数より14本多くなる。
> かめ1ぴきをつる1わに変えると足の数は2本ずつへるから，
> 4−2=2
> 14÷2=7…(つるの数)
> 12−7=5…(かめの数)

5 式　100 × 20 − 1700 = 300
300 ÷ (100 − 80) = 15，20 − 15 = 5
答え　80円のえん筆…15本
100円のえん筆…5本

> 20本全部が100円のえん筆と考えると，
> 100×20=2000，2000−1700=300
> 実際の代金より300円多くなる。
> 100円のえん筆1本を80円のえん筆1本に変えると，代金は20円ずつへるから，
> 100−80=20
> 300÷20=15…(80円のえん筆)
> 20−15=5…(100円のえん筆)

6 式　16 ÷ (6 − 4) = 8，4 × 8 = 32
答え　子ども…8人，おはじき…32個

> おはじきは4個ずつちょうど分けることができ，あと16個あればさらに6−4=2個ずつ分けることができる。子どもの人数は，16個を2個ずつちょうど分けることができる人数なので，
> 16÷2=8…(子どもの人数)
> 4×8=32…(おはじきの数)

7 式　(6 + 8) ÷ (6 − 4) = 7　答え　7人

> 子どもの人数は，みかん6+8=14個を6−4=2個ずつちょうど配ることができる人数なので，
> 14÷2=7(人)

37 P.71-72　仕上げテスト(1)

1 ①$\frac{8}{27}$　②$\frac{5}{9}$　③$\frac{3}{4}$　④$9\frac{1}{3}\left(\frac{28}{3}\right)$
⑤$2\frac{2}{3}\left(\frac{8}{3}\right)$　⑥$\frac{1}{2}$

2 ①$\frac{2}{5}$　②$0.6\left(\frac{3}{5}\right)$　③$1\frac{1}{4}\left(\frac{5}{4}\right)$

3 比例…㋑，$y=4\times x$(または，$y\div x=4$)
反比例…㋒，$y=18\div x$
(または，$x\times y=18$)

4 ①$x\times5$　②$x-0.3$

5 ①点G　②角H　③90°　④辺GF

6 ①式　(4 + 8 + 5 + 5 + 12 + 7 + 5 + 3 + 10 + 7 + 4 + 8) ÷ 12 = 6.5
答え　6.5時間
②5時間　③6時間

7 式　$1\frac{7}{9}\times\frac{3}{8}=\frac{2}{3}$　答え　$\frac{2}{3}m^2$

8 式　4 × 500 = 2000，2000cm = 20m
答え　20m

9 式　$360\times\frac{2}{9}=80$　答え　80g

38 P.73-74 仕上げテスト(2)

1 ① $\frac{7}{6}$　② $\frac{5}{7}$　③ $\frac{10}{17}$

2 ① $\frac{15}{16}$　② $\frac{7}{9}$　③ $4\frac{1}{5}\left(\frac{21}{5}\right)$　④ $7\frac{1}{2}\left(\frac{15}{2}\right)$

⑤ $1\frac{2}{3}\left(\frac{5}{3}\right)$　⑥ $6\frac{3}{7}\left(\frac{45}{7}\right)$

3 ①5：8　②3：2　③4：3

4 2倍の拡大図…㋕，$\frac{1}{2}$の縮図…㋒

5

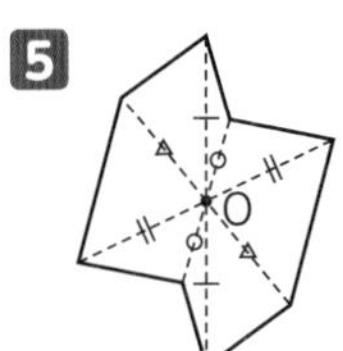

6 式　4×4×3.14÷2＝25.12

答え　25.12 cm²

7 式　(7＋10)×4÷2×6＝204

答え　204 cm³

8 式　$1\frac{4}{5}\div\frac{3}{25}=15$　答え　15本

9 式　$4500\times\frac{5}{9}=2500$

$4500\times\frac{4}{9}=2000$

(または，4500－2500＝2000)

答え　兄…2500円，弟…2000円

10 9とおり

39 P.75-76 仕上げテスト(3)

1 ① $3\frac{1}{3}\left(\frac{10}{3}\right)$　② $\frac{2}{35}$

2 ① $\frac{3}{50}$　② $\frac{1}{9}$　③ $2\frac{1}{4}\left(\frac{9}{4}\right)$　④ $\frac{3}{7}$

3 ①3倍　②12 cm　③75°

4 式　12÷2＝6，8÷2＝4，4÷2＝2

6×6×3.14÷2＋4×4×3.14÷2

＋2×2×3.14÷2＝87.92

答え　87.92 cm²

5 式　6×6×3.14×15＝1695.6

答え　1695.6 cm³

6 ①30 m以上35 m未満

②8番目から16番目

③式　(9＋5＋2)÷40＝0.4　答え　40%

7 式　5200÷(250＋400)＝8

答え　8か月後

8 式　140÷(4＋3)＝20

20×4＝80，20×3＝60

答え　姉…80 cm，妹…60 cm

9 式　4×16－46＝18，18÷(4－2)＝9

16－9＝7

答え　つる…9わ，かめ…7ひき

40 P.77-78 発展(はってん)テスト(1)

1 ①13　②12

2 ①4.5

②9

［38.4÷6.3＝6.09…］

③ $\frac{42}{72}$

［分母と分子に同じ数をかけて，和が114になるものをさがす。6をかけると，$\frac{7}{12}=\frac{42}{72}$］

④40

［クラスの人数をx人とすると，$x\times0.85=34$，$x=34\div0.85$］

3 ①86点

［国語，算数，理科の合計点は
84×3＝252(点)，社会を加えた4科目の平均点は，(252＋92)÷4＝86(点)］

②89点以上

［4科目の合計点は，75×4＝300(点)，
300－(56＋85＋70)＝89(点)］

4 ①90°

［180－134＝46，
三角形CEFの角で，
180－(46＋22)＝112
180－112＝68
三角形BEDの角で，
180－(68＋22)＝90］

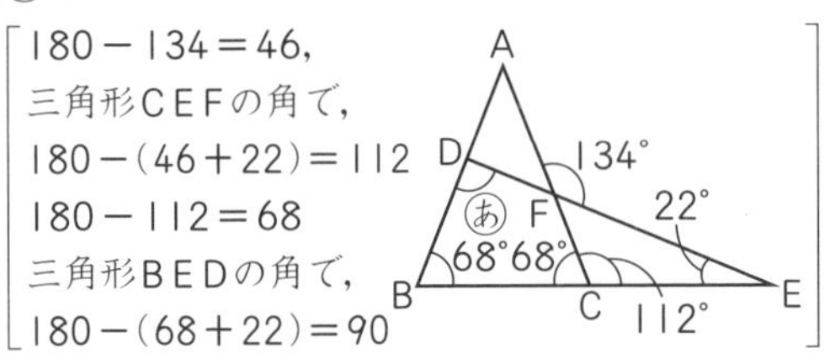

②15 cm²

［ACとGFの交わる点をHとする。三角形ABCの面積は，三角形ABHと三角形BCHの面積の和。三角形ABHの面積は，底辺をBH，高さをGHと考えると，四角形DBHGの面積の$\frac{1}{2}$である。三角形BCHの面積は，底辺をBH，高さをHFと考えると，四角形BEFHの面積の$\frac{1}{2}$で

ある。四角形DBHGと四角形BEFHの面積の和は四角形DEFGの面積に等しいから，三角形ABCの面積は四角形DEFGの面積の$\frac{1}{2}$になる。

5 221人

30分以上1時間未満の人の割合の角度は，
360－(80＋110)＝170(度)
全体の人数は，$104\div\frac{80}{360}=468$(人)だから，
$468\times\frac{170}{360}=221$(人)

6 ①200m

[50×4＝200(m)]

②10分後

[200÷(70－50)＝10]

③700m

70×10＝700
(または，200＋50×10＝700)

41 P.79-80 発展(はってん)テスト(2)

1 ①18　②$\frac{5}{8}$

2 ①10

②72

8%の食塩水120gの食塩の量は，
120×0.08＝9.6(g)
これが5%にあたるから，新しい食塩水の量は，
9.6÷0.05＝192(g)
よって，加える水の量は，192－120＝72(g)

③120

時速18kmは，
18000÷3600＝5で，秒速5mだから，
橋の長さは，5×24＝120(m)

3 9回

14と12の最小公倍数は84だから，2つのバスがA駅を同時に出発するのは84分ごとである。
午前7時から午後7時までの間には，
午前7時，午前8時24分，午前9時48分，
午前11時12分，午後0時36分，午後2時，
午後3時24分，午後4時48分，午後6時12分
の9回である。

4 ①150g

グラフから，10mで300gだから，
5mでは150gになる。

②25m

450円でxg買えるとすると，
1kg＝1000g，600：450＝4：3から
4：3＝1000：x，x＝750(g)
針金1mの重さは，300÷10＝30(g)だから，
750÷30＝25
となり，25m買えることになる。

5 ①

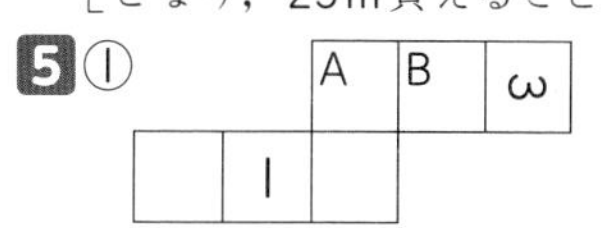

②143

(1＋3＋5＋9＋11＋13)÷3＝14だから，
サイコロの向かい合う2面の数の和は14になる。
Aは3の面と向かい合い，Bは1の面と向かい合うから，Aは11，Bは13になる。
11×13＝143

6 ①分速48m

太郎君がA町からB町まで行く時間は，
1200÷60＝20(分)
B町からA町にもどる時間は，
1200÷40＝30(分)
だから，往復に20＋30＝50(分)かかる。
よって，平均の速さは，
2400÷50＝48で，分速48mとなる。

②次郎君が2分早い。

次郎君が往復にかかる時間は，
2400÷50＝48で，48分。

お客さまの声をお聞かせください！

今後の商品開発や改訂の参考とさせていただきますので、「郵便はがき」にて、本商品に対するお声をお聞かせください。率直なご意見・ご感想をお待ちしております。

※**郵便はがきアンケート**をご返送頂いた場合、図書カードが当選する**抽選の対象**となります。

抽選で毎月100名様に「図書カード」1000円分をプレゼント！

くもん出版の商品情報はこちら！

くもん出版では、乳幼児・幼児向けの玩具・絵本・ドリルから、小中学生向けの児童書・学習参考書、一般向けの教育書や大人のドリルまで、幅広い商品ラインナップを取り揃えております。詳しくお知りになりたいお客さまは、ウェブサイトをご覧ください。

くもん出版ウェブサイト
https://www.kumonshuppan.com
くもん出版 検索

くもん出版直営の
通信販売サイトもございます。
Kumon shop 検索

くもん出版 お客さま係　東京都港区高輪4-10-18 京急第1ビル13F　E-mail info@kumonshuppan.com
0120-373-415（受付時間／月～金 9:30～17:30 祝日除く）

『お客さまアンケート』個人情報保護について

「お客さまアンケート」にご記入いただいたお客さまの個人情報は、以下の目的にのみ使用し、他の目的には一切使用いたしません。
①弊社内での商品企画の参考にさせていただくため
②当選者の方へ「図書カード」をお届けするため
③ご希望の方へ、公文式教室への入会や、先生になるための資料をお届けするため
※資料の送付、教室のご案内に関しては公文教育研究会からご案内させていただきます。
なお、お客さまの個人情報の訂正・削除につきましては、お客さま係までお申し付けください。

きりとり線

郵便はがき

恐れ入りますが、切手をお貼りください。

108-8617

東京都港区高輪 4-10-18
京急第1ビル 13F
（株）くもん出版
お客さま係 行

フリガナ
お名前
ご住所 〒□□□-□□□□ 都道府県 区市郡
ご連絡先 TEL （ ）
Eメール @

● 『公文式教室』へのご関心についてお聞かせください ●
1. すでに入会している 2. 以前通っていた 3. 入会資料がほしい 4. 今は関心がない
● 『公文式教室』の先生になることにご関心のある方へ ●
ホームページからお問い合わせいただけます → くもんの先生 検索
資料送付ご希望の方は○をご記入ください・・・希望する（ ）
資料送付の際のお宛名 ご年齢（ ）歳

くもんの小学生向け学習書

くもんの学習書には、「ドリル」「問題集」「テスト」「ワーク」があり、課題や目標にあわせてぴったりの１冊と出合うことができます。

くもんのドリル

●独自の**スモールステップ**で配列された問題と**繰り返し練習**を通して、やさしいところから到達目標まで、**テンポよくステップアップ**しながら力をつけることができます。

●書き込み式と１日単位の紙面構成で、**毎日学習する習慣**が身につきます。

くもんの問題集

●**たくさんの練習問題**が、**効果的なグルーピングと順番**でまとまっている本で、**力をしっかり定着**させることができます。

●基礎～標準～発展・応用まで、目的やレベルにあわせて、さまざまな種類の問題集が用意されています。

くもんのテスト

●**力が十分に身についているかどうかを測る**ためのものです。苦手がはっきりわかるので、効率的な復習につなげることができます。

くもんのワーク

●１冊の中で**バリエーションにとんだタイプの問題**に取り組み、はじめての課題や教科のわくにおさまらない課題でも、しっかり見通しを立て、自ら答えを導きだせる力が身につきます。

きりとり線

57269「小ドリル学力チェックテスト6年生算数」　ご記入日（　　年　　月）

お子さまの年齢・性別（　　歳　　ヶ月）　男 ／ 女

この商品についてのご意見、ご感想をお聞かせください。

よかった点や、できるようになったことなど

よくなかった点や、つまずいた問題など

このドリル以外でどのような科目や内容のドリルをご希望ですか？

Q1 内容面では、いかがでしたか？
1. 期待以上　2. 期待どおり　3. どちらともいえない
4. 期待はずれ　5. まったく期待はずれ

Q2 それでは、価格的にみて、いかがでしたか？
1. 十分見合っている　2. 見合っている　3. どちらともいえない
4. 見合っていない　5. まったく見合っていない

Q3 学習のようすは、いかがでしたか？
1. 最後までらくらくできた　2. 時間はかかったが最後までできた
3. 途中でやめてしまった（理由：　　）

Q4 お子さまの習熟度は、いかがでしたか？
1. 力がついて役に立った　2. 期待したほど力がつかなかった

Q5 今後の企画に活用させていただくために、本書のご感想などについて弊社より電話や手紙でお話をうかがうことはできますか？
1. 情報提供に応じてもよい　2. 情報提供には応じたくない

ご協力どうもありがとうございました。